Johannes Conrad wurde 1929 in Sachsen geboren, war schnell noch Soldat, dann Werkzeugmacher etc. und ab 1956 bis jetzt Schauspieler am Berliner Ensemble. Seit 1960 veröffentlichte er Geschichten, Gedichte und Nonsens in Zeitungen und Zeitschriften. Johannes Conrad war früher Mitarbeiter und Autor eines ostdeutschen Verlags.

Die kleinen wilden Kaffeemaschinen. Wer aus dem durch Elsterwerda brausenden Schnellzug ein Einhorn zu sehen glaubt (das vielleicht doch nur ein Ziegenbock war) ..., wem der Umgang mit seinem hinterlistigen Ausziehtisch zu einer menschheitlichen Tragödie gerät ..., wer an einem stinknormalen Wochentag mit Speckbratkartoffeln im Bauch auf einer blütenübersäten Wiese die Engel mit Harfen auftauchen sieht ... das muß ein sächsischer Romantiker sein.
Johannes Conrad gewinnt den liebenswerten Alltagsszenen, die er mitten aus dem Leben greift, immer ein Quentchen Poesie und ein Quentchen Witz ab. Er beobachtet die Menschen seiner Umgebung und ihre kleinen, großen Probleme mit genauem Blick und hört ihnen mit offenem Ohr zu. Weil er ein sächsischer Romantiker ist, sieht er, ganz realistisch, das Leben wie es ist, nimmt es mit Humor und bleibt trotzdem immer auf der Suche nach dem glücklichen Moment. Und als echter Menschenkenner schreibt er: »Der Mensch ist ein überraschendes Lebewesen. Er kann, obwohl er manchmal ein blöder Hund ist, Zusammenhänge erkennen, er hat ein rotes Herz, eine Vorliebe für Geld, viel Durst, oft sogar Grips im Kopf und manchmal schöne Waden.«

Johannes Conrad

Die kleinen wilden Kaffeemaschinen

Fischer
Taschenbuch
Verlag

Originalausgabe
Veröffentlicht im Fischer Taschenbuch Verlag GmbH,
Frankfurt am Main, Januar 1995

Gesamtherstellung: Clausen & Bosse, Leck
Printed in Germany
ISBN 3-596-12332-1

Gedruckt auf chlor- und säurefreiem Papier

Ein stimmungsvoller Stromausfall

»Die Luft ist wie Seide!« sagte Herr Kunze zu seiner vor dem Fernseher versammelten Familie und schloß das Fenster. Sogleich klang das Abendlied der Drossel gedämpft, die Autos summten, als wollten sie Volkslieder singen, und Kunzes Sohn, der Jürgen, taumelte wie ein Betrunkener aus dem Zimmer, um sich noch schnell eine Cola zu holen.

»Mußt du immer alles anstoßen, du Kalb?« rief Frau Kunze und erklärte ihrer zu Besuch in Berlin weilenden Mutter, der Frau Gottläuber aus Wolmsdorf, daß in der Kunzeschen Wohnung immer dann, wenn ein spannender Film beginne, die entsetzlichste Unruhe ausbreche. »Wie die Schafe stürzen sie aus dem Zimmer, um sich noch was zu trinken zu holen oder so!« klagte sie, und draußen rauschte die Spülung, und Frau Gottläuber erwiderte mit weicher, gefühlvoller Stimme: »Ach, Gottel, nee!«

»Iß schön Kartoffelchips, Mummele!« fügte Frau Kunze zärtlich hinzu.

»Kannst auch Erdnußflips schnorpsen oder andere Knusperknabberteilchen, gleich geht's los!«

Mit dem zufriedenen Gesichtsausdruck eines Menschen, der sich geliebt weiß, richtete Frau Gottläuber die Augen auf den Bildschirm und begann Kartoffelchips zu knabbern. »So ein großes Gerät aber auch!« sagte sie mit einem Knirschen und Knuspern und Knacken, das Herrn Kunze ganz kribbelig machte. »Schon riecht's nach Bratkartoffeln!« dachte er und warf seinem mit einer riesenhaften Colaflasche zurückkehrenden Sohn einen drohenden Blick zu. »Gleich wirst du den

Fernsehapparat runterstoßen!« rief er, worauf Frau Gottläuber noch einmal »Ach, Gottel, nee!« sagte und ihren Enkelsohn liebevoll musterte. »Du wirst Opa immer ähnlicher, Jürgenjunge!« sagte sie mit dicker Stimme.

Herr Kunze, der alle positiven Vergleiche, in denen sein Schwiegervater vorkam, haßte, räusperte sich heftig und rief: »Pscht, Mutter, Obacht, der Krimi fängt an!«

»Es ist ein englischer!« setzte er besänftigend hinzu, denn das Internationale und ganz speziell das Angelsächsische behagte ihm. Er nahm sogar an, daß er damit Eindruck auf seine Schwiegermutter machte. Da konnte sie mal sehen, daß es hier in Berlin nicht so gottläuberisch wie in Wolmsdorf zuging! Unglücklicherweise entgegnete Frau Gottläuber, daß ihr Mann – sie sagte »unser Opi« – diesen Krimi in Wolmsdorf vermutlich ebenfalls sähe. Darum bekam Herr Kunze eine spitze Nase und weiße Ohrläppchen. Wo sie doch in Wolmsdorf immer dieses griesige Bild hatten! Beleidigt sagte er: »Aber kleiner sieht er den Film, Mutter, euer neuer Apparat ist kleiner, euer Bildschirm ist ein Zwergstern gegen meinen!«

»Etwas grell ist eure Farbe hier in Berlin, Rudolf, nicht wahr?« fragte Frau Gottläuber ihren Schwiegersohn nach kurzem Schweigen. Herr Kunze begann sofort furchtbar zu lachen. Diese Greisin vom Dorf! »Das liegt doch nicht am Gerät, Mutter, das liegt doch an dem alten englischen Film! Habt ihr in Wolmsdorf keine grellen Farben bei alten Filmen? Hat Wolmsdorf Extrafarben?« lachte er und gebärdete sich nach Frau Kunzes Meinung wie ein Idiot. Empört blitzte sie ihren Mann an. »Der Fernseher sendet die Farben des Films, Mummele, nicht seine eigenen!« erläuterte sie ihrer Mutter in etwas kindlichem Tonfall.

Frau Gottläuber lächelte höflich. »Bei unserem sind die Farben trotzdem nicht so grell, Kind!« sagte sie leise. »Und unser Stellmacher, der Hörnig Horst«, fügte sie stolz hinzu,

»kann mit seinem alten DDR-Apparat sogar französische Sender sehen, weil er eine Satellitenschüssel hat!«

»Obwohl der Kerl bloß sächsisch spricht!« entgegnete Herr Kunze. »In Sachsen ist eben alles besser! Außerdem kommt bei uns bald das Kabelfernsehen, Mutter, dann kannst du dich hier blau und grün sehen, vielleicht sogar chinesische Sender!«

Frau Gottläuber lächelte und dachte an ihren Mann, der zu Hause im lieben Wolmsdorf sicherlich gerade eingeschlafen war. Um diese Zeit schlief er immer ein. Aber nicht vor so einem teuren Apparat wie diesem hier, sondern vor einem normalen Gerät für normale Menschen! »Außerdem sehe ich lieber Liebesfilme!« dachte Frau Gottläuber hochmütig und wollte gerade die untere Prothese mit der Zunge ein wenig anheben, da verlosch das Fernsehbild, und das Licht ging aus.

»Nanu?« sagte Herr Kunze und erhob sich. »Nirgendwo brennt plötzlich Licht!« sagte er verwundert.

»Wie in Wolmsdorf!« rief Frau Gottläuber. »Da hatten wir auch einen Stromausfall, weil der Bulle sich losgerissen hatte!«

»Wir haben aber keinen Bullen, Mutter, wir haben keinen Bullen und wir haben keine Satellitenschüssel!« entgegnete Herr Kunze und verließ das Zimmer. »Stockdunkel!« rief er von draußen. Dann bumste es laut, und Herr Kunze kam zurück. »Nicht mal im Treppenhaus brennt Licht, es ist ein Stromausfall!« knurrte er, sich den Kopf reibend.

»Also doch wie in Wolmsdorf!« sagte Frau Gottläuber, worauf Herr Kunze »Herrgott noch mal!« sagte.

»Maul nicht so rum, du fauler Kerl!« schrie er plötzlich seinen überraschten Sohn an. »Ich kann mir die Elektrizität nicht aus den Fingern saugen! Soll ich vielleicht, wie ein Huhn, das Eier legt, Elektrizität für dich legen?«

Dann hörte man nur noch die Uhr ticken, das Kerzenflämmchen malte Muster an die Wände, und durchs Fenster sah der Abend. »Guck mal, die Blattpflanze, Christelkind«, flüsterte Frau Gottläuber, »wie herrlich sie im Kerzenlicht schimmert!«

»Ja«, erwiderte Frau Kunze ebenso flüsternd, »seit du mir im letzten Jahr gesagt hast, daß ich mit ihr reden soll, rede ich mit ihr, seitdem wächst sie und wächst und wächst!«

»Wie Weihnachten – gleich werden sie der Pflanze noch was vorsingen!« dachte Herr Kunze mürrisch und beklagte es, so einen großen, teuren Apparat gekauft zu haben, wenn dessen augenblickliche Bildlosigkeit so apathisch hingenommen wurde. Jammern wäre hier angebracht gewesen, zumindest seitens seiner dörflichen Schwiegermutter mit ihrer winzigen Kiste zu Hause!

»Jawohl, reden muß man mit den Pflanzen!« sagte Frau Gottläuber. »Vergangenes Jahr hab ich das Maukschens Traudel, unserer Buchhalterin, die jetzt den Sex-Pub, oder wie das heißt, hat, empfohlen. Eine köstliche Myrte hatte die, wie aus dem Ei gepellt, fast künstlich schon, Blüte an Blüte am ganzen Leibe, und plötzlich kahle Stellen, es regnete Blätter, die Myrte will Grätsch* machen. ›Du mußt mit ihr beim Gießen sprechen, Traudel, ihr gut zureden, ihr Kuschelnamen geben und sie loben, dann kommt sie wieder!‹ hab ich gesagt – und wirklich, in der letzten Woche erscheint das Mädel ganz aufgeregt mit einer herrlichen Packung Pralinen für 12 Mark 99 bei mir im Stall und sagt: ›Sie hatten recht, Mutter Gottläuber, seitdem ich mit ihr beim Gießen rede, grünt meine Myrte wieder, lauter kleine, fröhliche, gesunde Blätter, ein Wunder, Mutter Gottläuber!‹«

»Mutter Gottläuber, Mutter Gottläuber! Sie tut ja wie eine Heilige! Die reinste Mutter Teresa aus Wolmsdorf!« dachte Herr Kunze und sah lauter Myrten mit kleinen Ohren vor sich, die der redenden Frau Gottläuber eifrig zuhörten. »Wenn die Myrte blüht, heiraten die Töchter!« erklärte Frau Gottläuber mit erhobenem Zeigefinger, und ihr Enkelsohn, der Jürgen, rief aufgebracht: »Die müssen doch was am Nischel haben mit ihrem Stromausfall!«

»Du solltest lieber mal was lesen, du!« knurrte Herr Kunze, den die Vorstellung von Myrten mit kleinen Ohren ganz nervös machte.

»Ohne Licht, jawohl!« erwiderte sein Sohn.

»Jawohl, ohne Licht, du Großmaul! Früher war's noch viel dunkler auf Erden, da gab's überhaupt keine Elektrizität oder nur die im Blitz, aber gelesen haben sie da trotzdem schon und sich nicht pausenlos Mord und Totschlag im Fernsehen angesehen! Denkst du vielleicht, Goethe oder Hannibal haben abends nicht gelesen? Goethe hat sogar nachts gelesen – und gedichtet! Seine schönsten Gedichte hat Goethe nachts gedichtet, du fauler Kerl, zum Beispiel: ›Wer nie sein Brot mit Tränen aß, wer nie die kummervollen Nächte...!‹ Selbst gedruckt haben sie damals im Dunkeln. Furzdunkel war die Welt, darum gab's auch die Aufklärung. Wenn Johann Gutenberg nur ins Fernsehen geglotzt hätte wie du, gäb's heute noch keine Buchdruckerei! Bücher, Bücher! Mein Gott, was hab ich als Junge für Bücher gelesen! Verschlungen habe ich sie! Und eine Menge ohne Licht. Halb blind hab ich mich gelesen. Wie ein Affe hab ich gelesen, jawohl!«

Frau Kunze hatte sich bei den leidenschaftlichen Worten ihres Mannes aufgerichtet. »Andere Menschen haben auch gelesen, nicht nur du und Hannibal!« sagte sie spitz. »Ich zum Beispiel bin eine richtige kleine Leseratte gewesen, nicht wahr, Mummele?«

Frau Gottläuber nickte abwesend, denn sie dachte gerade an verschiedenartige Pflanzen, mit denen sie redete. »Schon als blutjunges Mädchen hab ich mit den Pflanzen geredet!« murmelte sie. »Das hab ich von meiner Mutter, und die hat's von ihrer Mutter, und die hat's wieder von ihrer Mutter, die es von ihrer Mutter hat, ein Märchen aus uralten

Zeiten, ach, ja!« Frau Gottläuber seufzte. »Wenn auch die Jahre enteilen, bleibt die Erinnerung doch!« sagte sie wehmütig.

Dann hörte man nur noch das irgendwie höhnisch klingende Trommeln von Herrn Kunzes Fingern auf der Sessellehne. Bis Frau Kunze ihre Mutter beinahe flehend fragte: »Blüht eigentlich dein rosa Hibiskus noch, Mummele?«

»Mein rosa Hibiskus, mein herrlicher Roseneibisch?« rief Frau Gottläuber etwas schrill.

»Ja, Mummele! Blüht er wieder so überirdisch schön wie im letzten Jahr?«

»Siebzehn Blüten hat er schon, Kind, und es ist kein Ende abzusehen!« rief Frau Gottläuber vorwurfsvoll. »Siebzehn rosa Blüten, keiner will mir's glauben! Ich rede aber auch jeden Tag mit ihm!« Frau Gottläuber lachte triumphierend, und ihre Tochter sagte: »Es gibt eben auch noch andere Dinge als das olle Fernsehen, was, Mummele?«

»Und der zartgelbe in der Küche, den ich von Tante Malchen habe, hat auch schon neun Blüten!« rief Frau Gottläuber.

»Neun Blüten?« fragte Frau Kunze erschüttert und fügte nach kurzer Pause hinzu: »Ach, wie gut das tut, wenn man mal nach Herzenslust klönen kann! Ein stimmungsvoller Stromausfall ist das! Was die dummen Menschen bloß immer mit ihrem Fernsehen haben?«

»Weil der Kühlschrank auftaut und der halbe Film schon rum ist, das haben sie! Wenn nun jetzt gerade einer künstlich beatmet oder elektrisch vom Notarzt behandelt wird!« rief Jürgen Kunze, und Herr Kunze stellte sich Hibiskuspflanzen mit kleinen Ohren vor, und Frau Gottläuber sagte wie aus tiefem Nachdenken heraus: »Man nennt den Hibiskus auch die chinesische Rose. Mein dunkelroter, der neue, den ich auf der Kaffeefahrt gewonnen habe, hat auch schon die vierte Blüte!«

Leider kam Frau Kunze nicht mehr dazu, sich über den dunkelroten Hibiskus ihrer Mutter zu äußern, weil das Licht wieder anging. »Das wurde Zeit, sonst hätte ich die Stadt Berlin wegen verdorbener Tiefkühlware verklagt! Das dürfte eigentlich in der freien sozialen Marktwirtschaft gar nicht mehr vorkommen, das ist ja wie '45 oder wie das Fleisch mürbe reiten bei Dschingis-Khan!« rief Herr Kunze.

Dann hörte man aus dem Fernseher eine tiefe, angenehme Frauenstimme »Pfoten hoch, ihr Schweine!« sagen, worauf Jürgen Kunze aufsprang und hinaustaumelte. »Der Junge rennt uns noch mal den Kachelofen um!« stellte Herr Kunze begeistert fest.

Frau Kunze nickte. »Aus so einem Stromausfall lernt man manches!« bemerkte sie. »Ja«, entgegnete ihr Mann mit einem nachsichtigen Blick auf seinen mit einer neuen Colaflasche zurückkehrenden Sohn, »man lernt vor allem daraus, daß sie einen verschonen sollen mit Stromausfällen!«

»Jetzt will sie ihn mit dem Messer stechen!« schrie Jürgen Kunze. »Jetzt sticht sie ihn!«

»Und der große Osterkaktus im Vorhaus blüht auch schon den dritten Monat!« sagte Frau Gottläuber träumerisch in ein grauenhaftes Wimmern hinein. Sie wurde aber, noch ehe sie von ihren blühenden Nestrosetten berichten konnte, mit einem mehrfachen und, wie sie fand, bösartigen »Pscht!« zum Schweigen gebracht, denn auf dem Bildschirm stieß soeben eine bildschöne Blondine, fast nackt, einen röchelnden Menschen in Unterhosen vom Dach eines schauderhaft hohen Hochhauses.

Der goldene Schnitt

Gleich nach Neujahr hatte sich Frau Jobbel aus der Sredzkistraße für ein kleines Vermögen eine Kräuselwelle machen lassen. »Das reinste Medusenhaupt«, wie die böse Frau Zuwallke aus dem Hinterhaus sagte, »ein Machwerk aus dem alten Tibet, ein römisches Bacchanal!«

Es war aber eigentlich nur eine Frisur, wie sie ein ungeschorenes Fettschwanzschaf hat, etwas in der Mauser. Frau Jobbels unverheiratete Schwester behauptete sogar, daß Frau Jobbel damit wie die stets heitere Frauenkämpferin Alice Schwarzer aussehe. Jedenfalls trug Frau Jobbel, ohne Schaden davonzutragen, monatelang diese Frisur, die ihr, wie sie meinte, etwas Sinnliches gab.

Letztens bekam sie aber anläßlich einer Fernsehsendung, in der eine Selbsterfahrungsgruppe einen »kosmischen Orgasmus« vorführte, das Sinnliche dicke. Darum entfernte sie im Bad ihre etwas altbackene Kräuselwelle mit Drahtbürste, Fleischklopfer und großer Mühe und begab sich ziemlich entkräuselt in die Küche. Dort warf sie den Kopf zurück und fragte ihren Mann, den Heinz, der gerade Tomatenstullen aß: »Na?« Leider erwiderte Heinz Jobbel nur mit vollem Mund: »Wie, na?« Weil es dabei stark nach Zwiebeln roch, gab's Frau Jobbel einen Stich, quer durch die Brust, sie fragte aber trotzdem noch einmal kokett: »Siehst du nichts?«

»Was sollte ich denn sehen, Irmchen?« rief Heinz Jobbel, und seine Frau antwortete jetzt schon fast widerwillig: »Meine Haare, du Trampel!«

Und hier nun erst sah Heinz Jobbel, daß seine Frau nicht

mehr ihre Kräuselwelle hatte, sondern ziemlich verkorkste Zottelchen, etwas feucht noch wie bei einem frischgespülten Wassergeist, einem sogenannten Nöck. Leider rief er nun aber nicht etwa begeistert: »Da wird der Hund in der Pfanne verrückt!« oder: »Da staune ich aber, Fräulein Prüsemann!«, sondern er sagte nur: »Und ich dachte schon, was macht sie so lange im Bad!« Dann stürzte er sich wieder auf seine Tomatenstullen, und Frau Jobbel verzog sich beleidigt ins Wohnzimmer. Dort schaltete sie die Fernsehsendung »Die Pyramide« mit dem von ihr verehrten Dieter Thomas Heck ein und begann, irgendwelche Flusen vom Teppich zu zupfen.

Mittlerweile hatte Heinz Jobbel genug Tomatenstullen gegessen, und es wurde ihm klar, daß seine Frau die Küche etwas überstürzt verlassen hatte. Aber das kannte er schon! Wahrscheinlich hätte er Salut schießen müssen, weil sie die Haare entrümpelt hatte, was? »Der BILD-Zeitung schreib ich's!« dachte Heinz Jobbel jähzornig. Und dann dachte er noch, weil er etwas zum Zynischen neigte: »Die Nato werde ich anrufen, daß meine Frau keine Kräuselwelle mehr hat, dann brechen sie die diplomatischen Beziehungen zu ihr ab!«

Befriedigt von seiner Schlagfertigkeit, aber mit einer unterschwelligen Wut im Leib holte sich Heinz Jobbel eine Dose Pilsner aus dem Kühlschrank, riß sie auf, nahm einen kräftigen Schluck und rülpste so rücksichtslos zum Küchenfenster hinaus, daß es auf dem Hinterhof widerhallte wie im Gebirge und die schon einmal erwähnte Frau Zuwallke sofort ihren neugierigen Vogelkopf aus dem Fenster schob. Hierauf rülpste Heinz Jobbel noch einmal demonstrativ, denn seit zwei Wochen besaß er einen echten, fast neuen und ziemlich bezahlten Mitsubishi, die sollten bloß nicht denken, daß er blöd wär!

Niemand sollte das denken, nicht einmal Irmchen! Wozu ließ er ihr Ostern, obwohl auch er die grüngefärbten besonders gern aß, immer die grüngefärbten Ostereier, wenn sie dann dauernd beleidigt war?

Monatelang sah sie mit ihrer neuen oberschlauen Brille und der Kräuselwelle wie überemanzipiert aus, er hatte manchmal sogar richtig Angst vor ihr bekommen, dann hatte sie urplötzlich Fransen wie eine alte Sofadecke auf dem Kopf – und er sollte immer begeistert sein! Warum mußten die Weiber auch die Gleichberechtigung einführen und dann noch auf die Spitze treiben? Wo sie infolge ihres Fleisches sowieso alle Hebel in den Händen hielten! Außerdem starben Männer früher und bekamen öfter Glatze und Bluthochdruck, so war's nämlich, das waren die Fakten! Es wurde Zeit, daß er alt und impotent wurde. Diese maulenden Friedensengel mit ihren brüchigen, gierigen Stimmen und den rechthaberischen Ärschen machten einen ja fertig

Ein Leben war das! Da begegneten sich zwei Menschen wie er und Irmchen zum ersten Mal im Leben am 9. August vor genau vierzehn Jahren auf dem Sommerfest bei Tante Trude in Dresden-Pieschen – in Jahrmilliarden kam das in dieser Zusammensetzung höchstens einmal vor –, und was taten sie? Sie stritten sich! War das Weltall dafür erschaffen worden? Sofort würde er jetzt ins Wohnzimmer gehen und das seine Frau fragen!

Leider stellte gerade zu diesem Zeitpunkt die auf dem Teppich umherrutschende Frau Jobbel fest, daß die Beine des Wohnzimmertisches zu lang waren, endlich hatte sie was gefunden! Aber in einer nach Zwiebeln riechenden Ehe, wo es nicht einmal eine Rolle zu spielen schien, was die Ehefrau für Haare auf dem Kopf und ob sie überhaupt welche drauf hatte, war das kein Wunder, da spielten auch Tischbeine keine Rolle! Wo sie erst am Vortag in BILD gelesen hatte, daß sich sogar die weiblichen Zehen nach Zärtlichkeit sehnten! Obwohl sie ihren neuen, zartgrünen Lochmusterpulli angezogen hatte, kam eine große Ernüchterung über Frau Jobbel. Mürrisch erhob sie sich, schaltete Dieter Thomas Heck aus, was noch nie vorgekommen war, und erklärte ihrem soeben ins Wohnzimmer tretenden Mann, daß die Beine des Wohnzimmertisches zu lang seien, sie seien geschossen wie Salat, der Tisch sei das reinste Kamel im Porzellanladen, er möge etwas von den Beinen absägen!

Diese Aufforderung wirkte wie ein Kanonenschuß auf Heinz Jobbel. »Ich werd' verrückt, unseren Hellerau-Tisch, Irmgard, das sind doch fast Stilmöbel, die nach dem goldenen Schnitt geschreinert sind, das ist doch fast wie Bauhaus!« rief er und begann, den Wohnzimmertisch von allen Seiten blöd zu betasten, als zweifle er an dessen Existenz. Plötzlich hörte er mit dem Betasten auf und schrie seine Frau an: »Dafür sind wir im Herbst '89 nicht auf die Straße gegangen, du!«

»Du warst im Herbst '89 zur Kur!« entgegnete Frau Jobbel unbeeindruckt.

»Du vielleicht!« schrie Heinz Jobbel und ergriff die überraschte Katze, um sie einen Moment lang an seine Brust zu pressen und dann mit ihr zu drohen. »Nimm gefälligst Rücksicht auf meine Persönlichkeit, du!« rief er, worauf Frau Jobbel mit höhnischer Stimme »Huch, Persönlichkeit!« rief. Diese Gefühlskälte erregte Heinz Jobbel so furchtbar, daß er seiner Frau beinahe die Katze an den Kopf geworfen hätte. Die Furie begriff ja nicht mal, daß das menschliche Auge wenigstens zu Hause einen Ruhepunkt brauchte, etwas Erhaltenswertes in dieser überschwappenden, chaotischen Zeit, nicht wahr, eine Sicherheit fürs Gemüt und nicht auch noch gekappte Tischbeine in seinem Wohnzimmer. Das war ja wie das Erzgebirge planieren oder den Großglockner nach Mecklenburg-Vorpommern verlegen! Wo sogar Schiller zur Nervenstärkung überreife Äpfel in seiner Schreibtischlade gelagert hatte!

»Soll ich vielleicht auch noch deine Zimmerpalme absägen?« rief Heinz Jobbel mit hohntriefender Stimme.

»Ja, oller Quatschkopp!« antwortete seine Frau.

»Ja, oller Quatschkopp«, entgegnete Heinz Jobbel, »dieses Vokabular beherrscht ihr Leute, so löst man die Welträtsel!«

»Huch, Welträtsel!« rief Frau Jobbel, und Heinz Jobbel erwiderte hitzig: »Weil ich nämlich das Gleichgewicht in unserer Wohnung erhalten will, du tumbe Zippe, und nicht, daß man hier dauernd denkt, irgendwas stürzt ab, vielleicht sogar man selber, das ist nämlich psychologisch, du, sonst kriegt man geschwollene Drüsen im Gehirn und wird impotent!«

»Huch, davor haben wir aber alle Angst, Europa heult auf!« rief Frau Jobbel, und Heinz Jobbel ließ die Katze fallen. »Ich will nicht, daß mir in meiner Wohnung schwindlig wird, Irmgard«, rief er. »Schwindlig wird mir nämlich schon genug im Leben, dazu muß ich keine Hellerau-Möbel absägen, du hättest einen sägewütigen Tischler heiraten sollen!«

»Huch!« rief Frau Jobbel mit entsetzlich hoher Stimme.

»Ja, huch nur, du gefühlskalte Person, die Höhe unseres Hellerau-Tisches hat nämlich mit dem goldenen Schnitt zu tun!« schrie Heinz Jobbel wie ein Rasender. »A zu B ist nämlich gleich B zu C, das kann man weder absägen noch weghuchen, du blöde Kuh!«

An dieser Stelle wurde es einen Moment lang mucksmäuschenstill. Dann trat Frau Jobbel dicht vor ihren Mann hin und schrie ihm ein weiteres grauenerregendes »Huch!« ins Gesicht.

Dieses »Huch!« verstörte Heinz Jobbel so sehr, daß er die Katze mehrmals aufnahm und wieder fallen ließ. Wie einen Hefeteig, den man durchkneten will. Erschüttert dachte er dabei, daß vermutlich nicht einmal Elefanten oder Riesenschnauzer von ihren Artgenossen mit einem derart unmenschlichen »Huch!« angebrüllt wurden wie er von seiner Frau. Als er das dieser Furie klarmachen wollte, war sie aber schon aus dem Zimmer in ihr geliebtes Bad. Wie ein kleinlauter Idiot stand er da! Wo er doch so gerne glücklich war!

»Ich hab vielleicht die Schnauze voll, das kann ich euch

flüstern!» sagte Heinz Jobbel und holte den Fuchsschwanz aus der Werkzeugkiste. Er jedenfalls, wenn er seine Frau gewesen wäre, er wäre nicht so ungerecht zu sich gewesen wie sie zu ihm! Aber die Frauen hatten ja ein völlig anders verknotetes Gehirn als die Männer. »In diesem Gehirn ist zu viel Luft drin, Herr Oberstabsarzt!« sagte Heinz Jobbel zu seinem Hellerau-Tisch und kippte ihn auf die Seite und lächelte unsäglich bitter, während er zu sägen begann.

Die Buddelparty

Sicherlich gibt es unter uns noch viele intolerante Menschen. Ihre Zahl ist vielleicht größer als die Zahl der auf Erden vorhandenen Beißzangen, das könnte durchaus möglich sein, aber mein Kollege, der Schauspieler Schweidnitzer, gehört trotzdem nicht dazu, sagt er. Der läßt den anderen neben sich gelten!

Beispielsweise hatte Schweidnitzer noch nie etwas gegen Langhaarige einzuwenden, sagt Schweidnitzer – bis vielleicht auf seinen Sohn damals, den Norbert, als der die langen Haare hatte, aber das sei eine Familiensache gewesen, eine Interna. Und heute trete ja fast keiner mehr in dieser Neandertalertracht auf! Und die häßliche Rockmusik hört er sich einfach nicht an, sagt Schweidnitzer, weil er nicht wahnsinnig davon werden möchte! Und den Büchern, die ihm mißfallen, sagt er, steht er zwar mißtrauisch gegenüber, denn etwas müsse schließlich faul sein an diesen Büchern, wenn sie ihm mißfallen, aber er verfasse ihretwegen nicht gleich flammende Proteste oder beschimpfe die Verfasser, weil die mit ihrer Blödheit schon genug gestraft seien. Selbst die kompliziertesten Erscheinungen der Mode nimmt Schweidnitzer wahr. Ein zu tief hängender Zwickel könne auch der begabtesten Rezitatorin vor uns auf dem Podium künstlerisch schaden, meint er. Weil er aber kein Modegeck ist, trägt Schweidnitzer immer noch seinen alten DDR-Anorak von 1971 und pfeift auf Karl Lagerfeld oder irgendwelche neumodischen Seidenblousons.

Trotz dieser positiven Eigenschaften, die den Betrachter

froh stimmen, wird es sogar so einem toleranten Menschen manchmal schwergemacht. Ich hätte das nie für möglich gehalten, doch Schweidnitzer hat es mir selbst erzählt! Und zwar handelt es sich in seinem Fall speziell um den Abend, wo er auf der Buddelparty beim Grafiker Wachsberg war. Es begann aber schon vorher bei ihm zu Hause, sagt er, weil ihn seine Frau gefragt hat: »Ziehst du etwa schon wieder den alten Anorak an, du?« Obwohl Schweidnitzer schon wegen des anzüglichen »du« lieber laut geantwortet hätte, hat er nur schweigend genickt, sagt er, es war aber schon ein Mißklang im Raum, die eheliche Harmonie war zerstört – sie zog mucksig ihren Mantel an, und etwas verbissen sind sie in die Dämmerung hinaus zu der lächerlichen Buddelparty, wo jeder was zu saufen mitbringen mußte, seine Frau in einem grünen Boutiquekleid mit Boxerschultern, das sie von ihrer Freundin Gisa ertauscht hatte. Für ein rotes Boutiquekleid mit Boxerschultern! Weil sie doch immer Chancen haben möchte, sagt Schweidnitzer. »Ich bin zwar nur Schauspieler, Mädi, aber trotzdem habe ich mir ein wenig Charakter bewahrt! Beim kleinsten Techtelmechtel mit einem dieser grafischen Lustmolche und verarmten, geilen Pinselbrüder geht's ab nach Hause, daran wird mich nicht mal der Halleysche Komet hindern!« hatte er ihr unterwegs noch mitgeteilt, denn die Boxerschultern hatten ihn mißtrauisch gemacht.

Als sie dann bei besagtem Grafiker eintrafen, zitterte die Wohnung schon am ganzen Leibe, sagt Schweidnitzer, aber leider sei es schon wieder eine Party mit knäckebrotartigem Charakter gewesen, irgendwie sodbrennerisch! Gewürzgurken, Schusterjungen, Hausmacherblutwurst, Essigzwiebeln, Griebenschmalz und rote Bete seien massenweise vorhanden gewesen. Auch Kümmelstangen und Preßsack, schwer wie Blei. Derartig nostalgisch Rustikales liebe er nicht so sehr, sagt Schweidnitzer, weil man da immer die Spelzen vom Schrotbrot in den Mund bekomme. Spucken müsse man dauernd! Und die Soleier lägen noch Tage danach wie Toneier im Magen! Und das Durcheinandergesaufe, weil jeder andere Getränke mitbringe! Immer auf den schwerverdaulichen Preßsack drauf!

»Wollen Sie nicht den Parka ablegen, den süßen Anorak?« soll die neureiche Gastgeberin, die Frau des Grafikers, vornehm gefragt haben, eine etwas nudelförmige Zahnärztin im lila Satinhängerchen – seltsamerweise auch wieder mit diesen aufgepappten Schultern, sehr modisch eben und nobelpopel, sagt Schweidnitzer, und sicherlich habe sich die Nudelförmige geschämt, weil er als geladener darstellender Künstler den alten Anorak anhatte. Obwohl auf der Party eine Menge antiker Kleidung getragen worden sei. Einer sei sogar im alten Frack aufgetreten. Vermutlich seien das aber alles interessantere Stücke als der Anorak gewesen. Da Schweidnitzer jedoch keinen Streit anfangen wollte, hatte er gesagt: »Warum sollte ich den Anorak nicht ablegen, Frau Wachsberg? Einstein ist schließlich auch ohne Socken rumgelaufen!«

Hierauf habe die Nudelförmige furchtbar perlend gelacht. Damit auch alle hören, sagt Schweidnitzer, wie man sich amüsiert auf ihrer Buddelparty, obwohl Einstein wirklich ohne Socken rumgelaufen sein soll und die Zahnärztin keinen Halter trug. »Putzig« habe sie gerufen, aber Schweidnitzer sagt, daß er selbst auf so einer altmodischen Buddelparty, wo die Leute trotz der beschissenen Zeiten beinahe hysterisch über Kunst und Literatur reden, nicht gern »putzig« sei. Nudelförmige Menschen seien vielleicht putzig, Zahnärztinnen und Grafikerehefrauen, aber in seinem Alter habe man das Putzige abgelegt! Da befinde man sich mitten im Ernst des Daseins, in der Brandung, wo die Hörner der Angst dröhnten, und bekomme – auch wenn man spartanisch wie ein Kaninchen lebe – jeden Tag an anderen Stellen Schmerzen – sogar an Stellen, von denen man vorher nicht mal gewußt habe, daß man sie hat! Zudem tat ihm plötzlich die Bruchnarbe von 1964 weh, wo ihm doch sonst immer die von 1978 weh tat! Und etwas Richtiges geworden im Leben war er auch nicht! Und der Krach überall! Und die Regierung! Und dauernd sei er gegen Eimer mit Krautsalat gerannt, pfui Deibel! Ein Paradies für Kühe! Aber alles vernebelt durch die Raucherei. In dieser Hinsicht sei die Buddelparty ein realistisches Abbild der Theaterkunst gewesen, sagt Schweidnitzer, weil sie auch beim Theater immer mehr mit Nebel arbeiten, insofern man im Nebel alles verstecken und vermuten könne, wenn dann auch meist nur statt einer Erleuchtung der als Engel verkleidete Schauspieler Münnemann mit echten Gänsefederflügeln oder nacktem Arsch aus ihm heraustrete.

Solche unfrohen Gedanken seien ihm durch den Kopf gegangen, sagt Schweidnitzer, denn ohne Anorak sei er sich wie ein Staubsauger ohne Filtereinsatz vorgekommen. Aus diesem Grund hat er versucht, sich autogen zu beruhigen. »Ich bin nicht aufgeregt, mein rechter Arm wird immer schwerer!« hat er eifrig vor sich hin gesagt – die Leute hätten schon geguckt –, aber sein rechter Arm sei nicht schwerer geworden, nicht mal der linke, er jedoch immer aufgeregter. Darum hat er den Anorak wieder angezogen, sagt er. Dabei sah er, wie seine Frau mit einem stoßzähnigen Schauspieler, einem gewissen Köcke, herumkicherte. Dieser Köcke, der viel beim Synchron arbeite, synchronisiere mit seiner dünnen, hemmungslosen Preßstimme alles: Götter, Gelehrte, Menschen und Tiere – sogar Ziegen einschließlich des Meckerns. Selbst Steinen lieh er sein Organ! Und sogar Waschmitteln!

Glücklicherweise war Köcke nicht am Theater Schweidnitzers beschäftigt, so daß Schweidnitzer keine Ursache hatte, ihn zu begrüßen. Statt dessen habe er seiner Frau Drohgebärden gemacht. Sie hat aber weitergekichert, sagt er, und sogar den Kopf geschüttelt, weil er seinen Anorak wieder anhatte. Leider habe Köcke dies alles mißverstanden und ihm zugewinkt.

»Was will der von dir?« habe er, Schweidnitzer, gedacht. »Will der dir eine Ziege vormeckern?«

Widerwillig hat er sich zu Köcke durchgearbeitet. Obwohl er plötzlich eine Stinkwut auf ihn hatte. Wie kam dieser Pfeifenkopf dazu, mit seiner Frau herumzukichern! Das hat er ihn aber nicht gefragt, sondern er hat seiner Frau das Weinglas wegzunehmen versucht, da sie schon viel zu lange mit diesem Tierimitator, bei dem sogar die Ziegen sächselten – und die Steine! –, herumkicherte. Dabei hat er dem entgeisterten Köcke kameradschaftlich erklärt, daß sie auch an Köckes Theater nicht die Größten seien, das sollten sie sich bloß nicht einbilden, auch sie würden nicht direktemang von Max Reinhardt abstammen, wie sie manchmal täten, auch bei ihnen würde nur mit Wasser gekocht! »Zum Beispiel die neue Inszenierung, dieser aufgequollene Käse«, hat er gerufen und seiner Frau die Hand zusammengequetscht, weil sie das Weinglas nicht loslassen wollte und immer noch kicherte, »mußte dieses nebulose Gebilde sein? Das ist doch alles ein hochgemotzter Kulturpudding, oder?« Obwohl das eine tolerante Frage war, sagt Schweidnitzer, habe ihn Köcke sofort angeschrien: »Warst du überhaupt schon mal in unserm Theater, du Klugscheißer?« Und da, sagt Schweidnitzer, sei er mißmutig geworden, denn sein Kollege Granitzky lasse nicht eine Premiere an Köckes Theater aus und berichte ihm dann stets brühheiß darüber. Aus diesem Grund und weil er schon ganz außer Puste war, habe er die schamlose Hand, mit der sich seine Frau in ihr Weinglas krallte, von sich geschleudert, sagt er, und diesem Köcke mit den sinnlichen Beißern erklärt, daß er, Eugen Schweidnitzer, wenn es gestattet wäre, sogar eine Meinung über Backenhörnchen habe, und die kenne er auch nicht von irgendwelchen überschlauen Theaterbesuchen her oder aus dem Urwald, sondern von seinem ehemaligen hochverehrten Biologielehrer Dr. Käppel. Außerdem muß er, habe er gesagt, fast jeden Abend selber Theater spielen, das reicht ihm! Schließlich drücke sich der Kohlenmann in seiner kargen Freizeit auch nicht auf irgendwelchen fremden Kohlenplätzen rum, und wenn er, Eugen Schweidnitzer, nur das hätte beurteilen wollen, was er schon persönlich gesehen hat, dann könnte er eigentlich nur über die Krusemannstraße, wo er wohne, reden – höchstens noch über seinen Geburtsort Klein-Wagelwitz!

Letzteres hatte der tolerante Schweidnitzer natürlich sarkastisch gemeint, weil er nach der Wende schon mit seiner Frau auf Mallorca gewesen war und mit dem Bus an der Blumenriviera, sehr schön, aber dieser Köcke, dieser dumme, jähzornige Hund, anstatt sich nun endlich in Stillschweigen zu hüllen, macht doch den Fehler und schreit den Umstehenden mit rotem Kopf zu, daß Schweidnitzer das größte Rindvieh von Weißensee sei! Wo Schweidnitzer im Stadtbezirk Prenzlauer Berg wohnte! Und da hat das größte Rindvieh von Weißensee, sagt Schweidnitzer, dem selbstherrlichen Herrn Köcke dann eben einen Schnellkochtopf voll Hausmachersülze, noch warm, über den Kopf geschüttet. Ganz langsam, sagt Schweidnitzer. In Slapstickmanier, wie bei Dick und Doof! Leider habe ihm dieser brutale Kettenraucher hierauf mehrere Löcher in den Anorak gebrannt – und diese Löcher, sagt Schweidnitzer, wolle ihm der Kerl nun nicht mal ersetzen, obwohl der Anorak eine Antiquität sei, ein seltenes Stück, bald wie von der Rotbannerflotte, ein antiquarisches Sozialistengewand, rein VEB, eine Rarität, weil doch die jungen Leute heute so verrückt auf die schönen alten Sachen wären – mit Löchern aber leider nur bei alten Holztruhen und Bauernschränken. Jedenfalls hat er auf dieser Buddelparty gesehen, sagt Schweidnitzer, was Toleranz einbringt. »Einen Dreck bringt sie ein!« sagt er, denn die Versicherung bezahlt auch nichts, weil es mutwillig war!

Die kleinen wilden Kaffeemaschinen

Beinahe gut gelaunt brauste der Schnellzug Dresden–Berlin durch Sonne und Regenschauer, an nassen Wäldern und eingeweichten Feldern vorbei, durch Patsch und Qietsch und Krähenknarren, die Schranken verbeugten sich, die Wagen wiegten sich wie dicke Frauen in den Hüften, die hellgrünen Bäume salutierten, die Kiebitze saßen kopfschüttelnd auf den Eiern, der Zug steppte und tanzte und wackelte, die Bierflaschen in den Abteilen zitterten, und die Lokomotive – huhuhu! – gab gerade Laut, als Frau Seidel ihrem Mann ins Ohr sagte, daß der Magere, neben dem Janine sitze, ein feiner Mensch sei, sie habe es gleich gesagt!

Uwe Seidel, der sich seit Antritt der Fahrt in seinem Notizbuch auszurechnen versuchte, was er zu bezahlen hätte, wenn er das Auto nun doch in die Werkstatt brächte und nicht wieder von Karl Prutzke, diesem Pfuscher, reparieren ließ, sah seine Frau zerstreut an und seufzte. Dann ließ er den Blick zu seiner Tocher Janine wandern, die klein und dick neben dem Mageren saß und gerade die dritte Leberwurstklappstulle verdrückte.

»Warum gewinnen immer die anderen im Lotto?« dachte er, und das ganze Abteil roch nach Leberwurst. Leberwurst ist wie Heimweh!, dachte Uwe Seidel und seufzte wieder. »Feine Milchkühe!« sagte er zu dem Mageren, der einer einsamen Kuhherde zunickte. Der Magere lächelte traurig. »Wenn sie nicht geschlachtet würden«, entgegnete er, »möchte man manchmal so ein Tier sein, Kollege! Das bißchen Geziepe an den Zitzen beim Melken kann schließlich so weh nicht tun. Ansonsten grast das doch dauernd in der frischen Natur, ohne Kummer, ohne Sorgen, unsereiner aber muß zur Beerdigung seiner Kusine!«

»Oh!« rief Uwe Seidel. »Mein herzlichstes Beileid!«

Der Magere nickte. »Kühe haben keine Kusinen!« sagte er und putzte sich schniefend seine Brille. »Außerdem leide ich unter Schlafstörungen«, gestand er Uwe Seidel. »Wegen der Kaffeemaschine, die ich mir gekauft habe. Weil sie so laut quackert! Sie röchelt wie lebendig, verstehen Sie? Wie ein Mensch! Manchmal denke ich, sie kriegt keine Luft. Man atmet dann unwillkürlich in diesem angstvollen Rhythmus mit und kommt ganz durcheinander dabei. Und immer bei den Nachrichten! Das kommt mir schon langsam seltsam vor. Zudem haut's mit der Tülle am Glaskrug nicht hin, mit der Gießschnauze! Der Kaffee läuft beim Ausschenken daneben, macht Pfützen. Weil ich Rindvieh eine billige gekauft habe, vermutlich ein Versuchsmuster, das reinste Experiment für Idioten. Es ist ja so tröstlich, hier mal ohne diese Maschine unter Kindern zu sitzen, die nicht quackern, verstehen Sie das?«

Uwe Seidel nickte verwirrt und dachte an sein Auto.

»Wenn man die Filtertüte einlegen will, mein Herr«, fuhr der Magere mit erhobener Stimme fort, »muß man den Filter zwischen die Zähne nehmen, stellen Sie sich das mal vor! Weil er umkippt, wenn er stehen soll! Ich wollte schon das Kaffeetrinken aufgeben deswegen oder mir Gefriergetrockneten angewöhnen, man ist doch kein abgerichteter Hund!«

Erregt strich der Magere der leberwurststullenessenden Janine Seidel übers Haar und preßte durch die Zähne: »Ich darf als Zahntechniker auch keine Prothese aus Ventilgummi liefern! Kein Wunder, daß man die Kühe zu beneiden beginnt!«

»Muhkuh macht Aa!« meldete sich Janine Seidel kauend.

»Aber nicht mit vollem Mund, Kind!« fuhr Frau Seidel dazwischen und berichtete dem Mageren mit mütterlichem

Lächeln: »Wir waren nämlich übers Wochenende bei meinen Schwiegereltern auf dem Dorf, da hat sie's gesehen!«

»Ist ja auch beeindruckend!« erwiderte der Magere, und Janine Seidel rief weinerlich »Muhkuh macht Aa!«, worauf Frau Seidel einen roten Kopf bekam und »Jetzt nicht, nur bei Omi!« schrie.

»Aber, junge Frau!« rief der Magere. »Was soll ich da erst sagen mit meiner Kaffeemaschine? Das kleine Huschel weint ja fast. Wo's doch so artig sein Bemmel mit Leberwurst ißt!«

»Hausschlachtne von meinen Eltern!« warf Uwe Seidel zerstreut ein. »Als hätt ich's gerochen!« rief der Magere. »Und so ein niedliches Pullöverchen hat das Mädel an! Ein richtiger kleiner Wollknaul biste, was?«

»Muhkuh macht Aa!« entgegnete Janine Seidel wütend, worauf der irritierte Magere seine lange Nase schnaubte und sich mit der Frage »Haben Sie auch eine Kaffeemaschine?« an Frau Seidel wandte.

»Eigentlich nicht direkt...!« antwortete Frau Seidel vorsichtig, denn bei Seidels wurde Tee getrunken, sie hatten noch nie eine Kaffeemaschine besessen, auch der Besuch mußte Tee trinken, aber es war Frau Seidel peinlich, sich vor einem zwar sympathischen, aber wildfremden Menschen zu offenbaren, ihr Herz vor ihm auszubreiten, nicht wahr, und zu gestehen, daß sie keine Kaffeemaschine besaßen. Vielleicht hätte der Magere noch gedacht, Seidels seien zu arm für eine Kaffeemaschine! Darum sagte sie noch einmal verwirrt: »Aber es wäre schon eine da, wenn wir eine hätten!«

»Ohne Kaffee bin ich kein Mensch!« erklärte der Magere und faltete sein Taschentuch entsetzlich ordentlich zusammen. »Wenn ich vor der Arbeit nicht meine zwei, drei Tassen habe, kann ich gleich einpacken! Aber wenn die Maschine wie der sterbende Schwan röchelt, pack ich schon vorher ein!« Der Magere schüttelte sich wie einer, der etwas Saures getrunken hat. »Das kann doch nicht der Sinn der Heimelektronik sein, daß sie röchelt!« rief er. »Aber in der Sparkasse Computer! Soll ich mir vielleicht den Kaffee im Sparkassencomputer aufbrühen, meine Dame?«

»Bald blühen die Primeln in den Vorgärten!« erwiderte Frau Seidel ausweichend und wandte sich mit der zärtlichen Frage: »Willste auch ein Leberwurstbemmel, Papi?« an ihren Mann.

Uwe Seidel, der sich gerade dazu entschlossen hatte, das Auto nun doch nicht in die teure Werkstatt zu bringen, sondern die Sache anders anzupacken – keinesfalls aber mit Karl Prutzke! –, blickte seine Frau verständnislos an. Verwirrt öffnete er den Mund, da schrie Seidels Sohn, ein Fünfjähriger mit großen Ohren und einem schlau aussehenden Rucksack auf dem Rücken: »Rehe! Lauter wilde Rehe, die Gras fressen!« Freundschaftlich stieß der Magere den Jungen an und sagte: »Rehe *fressen* das Gras nicht, Junge, sie *äsen*!«

»Aber ich habe das doch gesehen, wie die Rehe das Gras fressen, Onkel!« rief der junge Seidel. »In gewissem Sinne stimmt das schon, mein Kerlchen«, erwiderte der Magere und blickte amüsiert reihum, »rein optisch gesehen, *fressen* die Rehe das Gras, doch bei den Rehen sagt man nun mal eben, daß sie *äsen*. Wild *äst*, mein Junge, das ist jägerisch!«

Erstaunt setzte sich der junge Seidel hin. »Äsen Menschen auch, wenn sie Gras fressen?« frage er. Der Magere lächelte gerührt und rief: »Menschen essen Kopfsalat, Kleiner, sie haben kein Organ für Gras, aber Rehe haben es!«

»Wissen Sie auch, ob Rehe manchmal Schürzen umhaben?« fragte der junge Seidel.

»Ich müßte eine umhaben wegen meiner Kaffeemaschine, Junge!« rief der Magere und wandte sich wieder zu Frau Seidel. »Ich finde es albern, wenn man Rehe in Schürzen auftreten läßt! Oder Affen mit Zuckertüten! Sogar Schweinen ziehen sie manchmal farbige Fräcke an und lassen sie kopfstehen!« Liebevoll blickte der Magere dem jungen Seidel in die Augen und sagte: »Rehe tragen keine Schürzen, Junge, schlag dir das aus dem Kopf.«

»Aber wenn wer kommt«, gab der junge Seidel, der seine eigenen Gedanken hinsichtlich der Schürzen hatte, zu bedenken, »und macht den Rehen Schürzen um, dann tragen die doch welche, wie?«

»Wozu denn?« fragte der Magere.

»Na, damit sich die Rehe nicht bekleckern, vielleicht, du Blöder!« antwortete der junge Seidel, worauf seine Mutter mit hoher Stimme »Aber, Mirko!« rief und der Magere gar nichts mehr sagte. Er sah den jungen Seidel nur an.

Feindselig erwiderte der junge Seidel den Blick des Mageren. Etwas später begann er zu singen. »Die kleinen, wilden Rehe fressen Gras und haben Schürzen um«, sang er. Danach sang er etwas lauter: »Auch die kleinen Zuckertüten fressen Gras und haben Schürzen um!« »Die wilden Schweine auch!« fügte er böse hinzu, um hierauf aus voller Kehle zu singen: »Auch die Eisenbahnen haben Schürzen um und fressen Gras!«

Der Magere nickte bitter. So, als wüßte er das alles schon von seiner Kaffeemaschine her.

»Ein übermütiges Fohlen!« erklärte ihm Frau Seidel. »Er läßt sich nicht mal den ollen, steifen Rucksack abnehmen! Ist Ihre Kusine eine ältere Dame gewesen?« Dann wandte sie sich an ihren Mann: »Sag doch auch mal was, Uwe!« rief sie ihm zu, doch der stellte sich gerade vor, wie ein engelartiger Mensch im Monteuranzug – nicht Karl Prutzke! – das Seidelsche Auto reparierte – und schwieg. »Auch Regenwürmer haben Schürzen um«, sang der junge Seidel und machte alle ihm bekannten Tiere, aber auch Schnürsenkel und Zahnbürsten zu grasfressenden Schürzenträgern.

Kurz vor Ende der Reise erhob sich der Magere, ergriff eine traurig aussehende, schwarze Aktentasche und einen schlauchförmigen schwarzen Mantel und fragte den immer noch, wenn auch verquollener singenden Jungen: »Wann gehst du zur Schule, du übermütiges Fohlen?«

»In einem Jahr, dann esse ich Gras und habe eine kleine Mirkoschürze um«, sang der junge Seidel, der nicht mehr aus dem Singen herauskam. »Na, da bist du ja schon recht schlau für dein Alter!« stellte der Magere fest. Und dann sagte er noch mit respektvollem Nicken zu Frau Seidel: »Schöne große Ohren hat er, das ist das Holz, aus dem man Tresorknacker schnitzt!« Hierauf verließ der Magere traurig das Abteil.

»Ach, du meine Güte, das war mir aber mal ein aufgeblasener Hund!« rief Frau Seidel und setzte erschüttert hinzu: »Wo mein Vater Orchestermusiker war! Wenn dem Herrn unsere Ohren nicht passen, muß er sich eben seine geliebten Kuheuter ansehen, von wegen Tresorknacker!«

»Muhkuh mach Aa!« gähnte die erwachende Janine Seidel. »Nein, in der Eisenbahn nicht!« rief Frau Seidel und zog ihren Anorak über. »Große Ohren!« schimpfte sie. »Wo Mirko schon mit dem Taschenrechner rechnen kann! Und nur, weil der Kerl unzufrieden mit seiner Kaffeemaschine ist! Da soll er sich doch keine Neuentwicklung kaufen, er ist doch kein Testpilot! Da soll er doch Tee trinken! Hätten wir uns lieber in das Abteil mit der feinen, alten Dame gesetzt und nicht zu diesem Jammerlappen!«

»Er fährt zu einer Beerdigung, Uschi«, warf Uwe Seidel ein, »seine Kusine ist gestorben!«

»Na, und?« entgegnete Frau Seidel wütend. »Laß bloß mal endlich unser Auto richtig reparieren, daß es nicht immer kaputt ist, wenn man gedemütigt wird!«

»Prost, Mahlzeit!« dachte Uwe Seidel, der sich gerade dazu durchgerungen hatte, das Auto nun doch wieder von Karl Prutzke reparieren zu lassen. »Warum gewinnen bloß immer die anderen im Lotto?« dachte er und ergriff die schweren Taschen mit der Hausmacherwurst in Gläsern, denn soeben röhrte ein Lautsprecherbaß: »Berlin-Lichtenberg, alles aussteigen, der Zug endet hier!« Der junge Seidel sang gerade stockheiser: »Die kleinen, wilden Kaffeemaschinen fressen Gras und haben kleine Kaffeemaschinenschürzen um!«

»Komm du mir nur nach Hause!« sagte Frau Seidel und warf ihrem großohrigen Sohn einen furchtbaren Blick zu.

Der Ausziehtisch

Jeden Tag werden Tragödien geboren, jeden Tag vollbringt der Mensch kühne Leistungen, überrascht uns die Natur mit ihrer vielseitigen Produktion: Bäume krepieren, Vulkane explodieren, Gundula besteht die Aufnahmeprüfung fürs Konservatorium, lieblose Schlangen verschlingen lachende Feldhasen einschließlich derer großen, eckigen Köppe, und Sie, Herr Zünselmann, der Sie nach einem aufblasbaren Schwimmtier aufgebrochen waren, kehren heim als Besitzer eines aufblasbaren, nagelneuen Flugzeugträgers. Jeden Tag explodieren Tragödien, wie gesagt, selbst solche, in denen Ausziehtische vorkommen! Es gibt etwa fünfeinhalb Milliarden Menschen auf Erden und demzufolge eine Menge Ausziehtische – der Mensch ist nun mal so, er will was ausziehen, wenigstens einen Tisch! Trotzdem wage ich zu behaupten, daß unser Ausziehtisch – in der Familie hieß er »Tante Luises Ausziehtisch« – ein besonders hinterlistiger oder zumindest eigenwilliger Ausziehtisch ist.

Nun steht er ja wieder wie ein Lamm in Karlchens Zimmer, bäht vielleicht heimlich vor Glück, hat vielleicht Angst, daß er noch einmal aus der Wohnung soll und wartet vor allem aufs Ausgezogenwerden, aber am letzten Donnerstag hat er uns, Klärchen und mich, gequält wie die Seelen im Fegefeuer.

Vielleicht, weil er gekränkt war, wer weiß, man guckt nicht hinein in so einen Ausziehtisch, denn immerhin stand er, nachdem wir ihn von Tante Luise geerbt hatten, fünfundzwanzig Jahre in der Wohnung herum und musterte uns mit gutmütigen Astlöchern.

Einst, vor ungefähr sechzig Jahren, soll Onkel Hellmuth, von dem ich das Künstlerische und die laute Stimme habe, bei jeder Familienfeier nach dem sechsten Korn in der Art von Mary Wigman so hinreißend auf ihm getanzt haben, daß sogar unsere mürrische Oma glitzernde Augen bekam und mittanzen wollte. Später wurden Konfirmationen dran gefeiert, Beerdigungen, Kindtaufen und andere fromme, aber auch weltliche Ereignisse, und im Krieg wurde er so naß, daß er aufquoll und sich nicht mehr ausziehen ließ. Vielleicht hatte er sich auch in sich verkrochen.

Als wir ihn erbten, ließ er sich wieder ausziehen, wenn auch widerwillig. Er bekam eine ungeheure Länge dadurch, wie ein altmodischer Tafelwagen etwa. Anfangs benutzten wir ihn als Bügelbrett (obwohl er fast ein Bügelstadion war) und Wickeltisch, die größeren Kinder spielten »Haus« unter ihm, manchmal schlief ein besoffener Gast darauf oder ich, wenn Mama zu Besuch war und in meinem Bett schlief, später feierten wir wieder, was der Tisch ja gewöhnt war, Konfirmationen und Taufen an ihm sowie die Jugendweihen unserer Kinder. Und dann, eines blauen Tages, begann er uns wie ein altes, ausgedientes Pferd im Wege zu stehen, wurde herumgeschubst und beschimpft, wanderte immer weiter nach hinten; und vielleicht würde es noch so weit kommen, daß sie einen eines Tages auf ihm aufbahren, schön wär's!

»Raus damit, raus damit, wir benötigen keinen Katafalk in der Wohnung!« rief ich schaudernd und machte mich auf den Weg zur Sredzkistraße, wo sie damals alte Möbel ankauften, lief ein Stück die Prenzlauer Allee hinunter, die Luft war fein und frisch, teils roch sie nach chemischer Schnellreinigung, teils nach Fencheltee, denn siehe: der Herbst taumelte schwanzwedelnd durch die Straßen! Vor meinen Augen lag die Stadt in der Senke unten, ein gewaltiger Brocken, in lauter Licht getunkt, und plötzlich sah sie trotz des Automiefs köstlich und weit aus, seltsam lieblich im Sonnennebel mit ihren schlanken und dicken Türmen. Man konnte gar nicht daran glauben, daß so viele Idioten in ihr lebten; und bis zum Möbelankauf in der Sredzkistraße, wo es nach altbackenen Möbeln roch, war es nur eine gute Viertelstunde. »Nein«, sagte das Fräulein mit dem großen Gesicht, »so was holen wir nicht ab, aber Sie können uns den Ausziehtisch morgen, am Donnerstag, bis spätestens achtzehn Uhr bringen, bitte!«

»Haha, jetzt sind wir die Krücke los und kriegen sogar noch was dafür!« rief Klärchen zu Hause und versetzte Tante Luises Ausziehtisch einen Tritt. Der Tritt ging mir bis ans Herz, ich mußte an Onkel Hellmuth und Mary Wigman denken und an den vielen Butterstreuselkuchen (mein Gott, konnten sie früher in Sachsen auf dem Lande Butterstreuselkuchen backen!), der an diesem Tisch schon getitscht worden war, aber das Leben geht weiter, und so beschworen wir unsere Söhne, am nächsten Tag bis spätestens sechzehn Uhr zu Hause zu sein, um Tante Luises Ausziehtisch zur Sredzkistraße zu bringen. »Ja, ja!« riefen sie widerstrebend und taten ganz empört, als Klärchen sagte: »Aber nicht vergessen, Kinder!«

Als es am nächsten Tag sechzehn Uhr dreißig war, sagte ich: »Es wird immer später, wo bleiben unsere großen, kräftigen Söhne, Klärchen?«

»Ja«, erwiderte Klärchen, »es wird immer später, sie werden irgendwo rumstehen, wir sollten Tante Luises Ausziehtisch schon mal runtertragen, ihnen entgegen!« Als wir den Tisch, er war gerade mal so schwer, daß man ihn tragen konnte, ohne Wutschreie auszustoßen oder einen Hexenschuß zu kriegen, die vielen Treppen hinunter bis vor die Haustür gewuchtet hatten, setzten wir uns darauf und baumelten wartend mit den Beinen. Die Passanten betrachteten uns verwundert, wir saßen aber trotzdem bis sechzehn Uhr fünfundfünfzig so da und baumelten. Dann rief Klärchen aus tiefem Nachdenken heraus: »Oh, verdammt noch mal, vielleicht spielen die Schamlosen in der Anlage drüben Karten, wir sollten ihnen den Tisch entgegentragen!«

So trugen wir den Tisch, Klärchen vorn, ich hinten, über die äußerst belebte Prenzlauer Allee die Fröbelstraße hoch, wobei wir »Frihitz!« oder »Kaharl!« schrien und uns die Hälse verrenkten. »Siehst du sie? Siehst du sie?« fragten wir uns abwechselnd und atmeten schwer, und das Laub auf den Bäumen sah wie Lorbeerblätter für die Küche aus, man wurde ganz nachdenklich davon. Aber unsere Söhne waren nicht zu sehen. Darum machten wir einen Schwenk und trugen den Tisch, jetzt schon ein wenig aufgebracht, wieder in die andere Richtung. Unglücklicherweise muße ich wegen einer hinteren Querleiste, die sich in Schienbeinhöhe befand, ganz kleine Trippelschritte machen, wovon mir richtig dasig im Kopf wurde. »Die können was erleben!« keuchte ich, und Klärchen, die ziemlich gekrümmt lief, erklärte mir von vorn, nach Luft ringend, daß ihr die verdammte Tischkante schon mehrere Querrinnen in den Rücken gedrückt habe.

»Willst du mal hinten tragen, Klärchen?« keuchte ich. »Nein, warum?« rief Klärchen mißtrauisch.

»Soll ich mal schnell gucken rennen, ob ich die Jungen sehe, Klärchen?« keuchte ich mit hervorquellenden Augen.

»Nein, bist du wahnsinnig?« rief Klärchen. »Du kannst mich doch nicht mit einem Ausziehtisch allein auf dem Trottoir stehen lassen! Was sollen die Leute denken, wo nicht mal ein Stuhl dabei ist?«

Ich schüttelte den Kopf und begann keuchend, das Leben zu verfluchen. »Siehst du sie? Siehst du sie?« fragte Klärchen in der Senefelderstraße, wo die Jungen sonst manchmal vor der Schule provozierend rauchen, aber ich sah sie nicht. Doch die Kirchenglocken begannen plötzlich so verzweifelt zu läuten, daß wir erschraken.

»Als läuteten sie wegen uns!« schnaufte Klärchen, und wir bogen in die Dimitroffstraße ein, es war siebzehn Uhr dreißig! »Da haben wir uns was Schönes eingebrockt, wir Narren!« keuchte ich, als wir die Dunckerstraße erreicht hatten. »Ja, ja«, schnaufte Klärchen, mit Kopfdrehen nach unseren Söhnen Ausschau haltend, »wir sind zu gut, zu gute Eltern sind wir, bald habe ich eine Genickstarre am ganzen Körper.«

»So rutscht man in die schlimmsten Dinger rein!« dachte ich und wunderte mich nicht mehr, daß es Scheckbetrüger gab, und vielleicht würden unsere elenden Söhne oben am Getränkeladen eine Cola kippen? Aber sie kippten weder am Getränkeladen noch woanders eine Cola, und wir schwenkten von der Raumerstraße in die Lychener hinein, um von dieser unter mächtigem Prusten und Hecheln und Grunzen auf die Stargarder zu stoßen. Da war es – ich hatte es kommen sehen! – plötzlich zehn vor sechs und endlich zu spät, was uns irgendwie erleichterte. »Schiet drauf, Junge«, hechelte Klärchen, »dann tragen wir die hämische Krücke eben wieder nach Hause!«

Erleichtert schleppten wir Tante Luises Ausziehtisch die Stargarder hinunter, Klärchen stöhnte, und ich machte wegen der hinteren Querleiste oder besser wegen meiner blauen Schienbeine noch immer diese kleinen, verblödenden Trippelschritte, die bereits unter der Schädeldecke zu trippeln schienen, aber da war auch schon die Prenzlauer, dem Himmel sei Dank! Angenehm roch's nach Abgasen, und vorn an der Ecke saßen im Schein der Abendsonne auf den roten Wachstuchpolstern des Café Südsee oder wie es hieß unsere Herren Söhne bei bunten Getränken!

Als sie uns sahen, wandten sie sich ab (weil ihnen, wie sie später schworen, voller Scham klarwurde, daß sie den Ausziehtisch vergessen hatten). »Sie schämen sich unser!« wimmerte Klärchen im Vorüberwanken.

»Wir müssen ja auch aussehen wie die Idioten, recht haben sie!« stöhnte ich. »Na, laß die erst mal nach Hause kommen!«

»Wenn's nicht die eigenen Kinder wären, würde ich's dem Senat von Berlin melden!« japste Klärchen, und ich mußte daran denken, daß die Tragödien auf dieser Erde nie aussterben. Immer wieder passiert was Neues!

Selbst positive Leistungen sind ohne Zahl! Hannibal überquerte die Alpen, meiner Kusine Traudel wurden im Juli alle Zähne oben gezogen, Howe erfand die Nähmaschine, Barbara Uttmann das Spitzenklöppeln, und wir, Klärchen und ich, haben unseren geliebten Söhnen, diesen rücksichtslosen Menschen, Tante Luises Ausziehtisch hinterhergetragen, eine Ewigkeit lang, durch die halbe Welt, Bezirk Prenzlauer Berg, auf dem Stadtplan (Maßstab 1 : 25 000) glücklicherweise nur zwei Quadratzentimeter.

»So hat er wenigstens mal frische Luft gekriegt!« sagte ich zu Klärchen, als wir den Tisch – er fühlte sich irgendwie glücklich an, frisch durchblutet und warm – in Karlchens Zimmer abgestellt hatten und uns bewundernd ansahen. »Seltsam...«, sagte Klärchen, »eben wird mir klar, daß wir schon fast an der Sredzkistraße waren, da hätten wir Tante Luises Ausziehtisch doch gleich selber zum Ankauf bringen können!«

»Ja«, sagte ich, »das habe ich mir die ganze Zeit über gesagt, ich war aber zu kaputt, um es dir vorzuschlagen, ich mußte ja dauernd so kleine Schritte machen!«

Mütterlich blickte mich Klärchen an. »Dann will ich mal ans Abendbrot gehen, Junge«, sagte sie. »Ja,«, erwiderte ich, »mach mal schön Stullen, Klärchen, die sind wenigstens nicht so schwer wie Tante Luises Ausziehtisch!«

Die Hoffnung ist ein junger Frosch

Katzen sind charaktervolle Lebewesen, Frau Ahlmeyer: Die ziehen Leine, wenn sie die Schnauze voll haben! Man redet eben noch mit ihnen, weist sie darauf hin, daß sie nicht an der Zimmerpalme rumzufressen haben – plötzlich aber machen sie kehrt und legen sich nach zwölfmaligem Im-Kreise-Drehen auf das wertvolle Paradekissen, um sich sofort wie die Tiere am ganzen Körper abzulecken. Oder sie pennen ein. Pennen ohne ein Wort der Erklärung ein, die Viecher! Weil Katzen keinen Schreibtisch besitzen, Frau Ahlmeyer, denn unsereiner bringt das in so einer Situation überhaupt nicht fertig: einpennen! Ich drehe mich ja nicht mal zwölfmal im Kreise oder lecke mich ab, Frau Ahlmeyer, wenn Sie mir vorwerfen, daß ich blöder Kerl nur immer über den Kornapfelbaum meiner Mutter und über mich schreibe, nie aber über Ihren Zwergspitz Nelly!

Nun gut, Frau Ahlmeyer, ich bin zwar kein Volksvertreter, ich bin auch nicht der Biograph Ihres Zwergspitzes Nelly, bin kein den Leuten allerlei Versprechungen machender Staaten- oder Rosselenker, sondern ein ganz normaler Mensch aus der Prenzlauer Allee, der sich die Kohlen für seine Kachelöfen noch eigenhändig aus dem Keller holt, aber zumindest der Name Ihres Zwergspitzes Nelly soll nun hier publiziert werden, obwohl ich mich frage, warum Sie sich gerade mich ausgesucht haben und warum sich Ihr Hund, wenn er sich, wie Sie schreiben, auch mal gern wie der Kornapfelbaum meiner Mutter gedruckt sähe, nicht einen Zwergspitzautor sucht? Ich bin nämlich kein Zwergspitzautor, Frau Ahlmeyer!

Warum sammelt Ihr werter Hund nicht erst mal Briefmarken mit komischen Motiven oder tritt einer Volkstanzgruppe für Zwergspitze bei, damit er auffällt?

Ich weiß wirklich nicht, was er bei mir soll! Wie ich mich kenne, würde doch nur wieder ein Kornapfelbaum draus. Oder ich selber! Ich will auch erwähnen, daß der große Goethe, von dem Sie behaupten, daß er für Sie mit seinem wunderbaren Gedicht »Die Glocke« gleich nach Ihrem Masseur Herrmann Körbel käme, ebenfalls wenig über Zwergspitze geschrieben hat, vom Gedicht »Die Glocke« ganz zu schweigen. Auch Goethe hat viel über sich geschrieben, Frau Ahlmeyer, denn natürlich hat er mit dem jungen Werther weder einen Zwergspitz noch die »Glocke« gemeint, sondern sich selber, was auch auf Mephisto, Faust und Gretchen zutrifft: alles Goethe selber, Frau Ahlmeyer! Vermutlich hat er sich auch für den »West-östlichen Divan« gehalten, machen wir uns nichts vor! Der Verfasser von »Madame Bovary«, der Schriftsteller Flaubert, hat sogar erklärt: »Emma Bovary, das bin ich!« So weit kann's kommen! Insofern bin vielleicht auch ich der Kornapfelbaum meiner Mutter, Frau Ahlmeyer? Hätte Flaubert Ihren Zwergspitz Nelly bedichtet (nach dem Foto hat Nelly doch damals schon gelebt, oder?), würde Flaubert uns wahrscheinlich mitgeteilt haben: »Nelly Ahlmeyer, das bin ich!«

So ehrlich waren diese ernsten Künstler früher. Zumindest haben sie so getan, Frau Ahlmeyer, was furchtbar anstrengend war. Darum bin ich auch kein ernster Künstler geworden, sondern schreibe über Männerbäuche und ähnliche Charaktereigenschaften, denn der Mensch, Frau Ahlmeyer, muß in seinen Stärken und Schwächen er selber sein dürfen, von Speichelleckern, Jasagern, Liebedienern, Katzbucklern, Scharfmachern, die Fahne-nach-dem-Wind-Drehern, Eiertänzern, Wadenbeißern, Schwanzeinziehern und anderen krummen Hunden mal abgesehen. Ich will Ihnen aber gestehen, daß auch ich einst von einem Leben mit spitzem Mund und einem Sitz in der Akademie träumte, denn als ich dreizehn war, ein Jahr vor Kriegsende, hat mir mein lieber Vater einen Schreibtisch getischlert, Frau Ahlmeyer, ein Rechteck von ländlichem Ernst, ein Stück schwermütigen Scheunenboden, das Material volkstümlich billiges, aber gut getrocknetes Fichtenholz wie aus Schillers (nicht Goethes, Frau Ahlmeyer!) »Glocke«. Zwar war mein Vater ein ahnungsvoller Mensch, der, über die Zukunft befragt, meist abwinkte, aber das hatte er nun doch nicht geahnt, daß ich an diesem Schreibtisch sofort zu schreiben beginnen würde.

Mit dreizehn Jahren schon, Frau Ahlmeyer, ging mir auf, daß der Mensch sogar seine Zehen ißt! Damals schrieb ich begabter Satan (begabt muß nicht nur immer Mozart oder Heintje sein, Frau Ahlmeyer!) an diesem Schreibtisch drei blaue Schulhefte voll (meine Mutter bewahrt sie heute hinter Glas auf, damals schlug sie sie mir um die Ohren, weil sie glaubte, es ginge auf sie): Drei blaue Schulhefte waren's, die ich über den unsterblichen Weißkohl, auch Kappes genannt, vollschrieb, weil es damals bei uns zu Hause wegen der weltgeschichtlichen Entwicklung fast nur Weißkohl zu essen gab. Sogar zum Frühstück! »Schon wieder diese Fußlappen!« knurrte mein Vater jeden Tag.

Infolgedessen hatte ich mit dreizehn Jahren eine äußerst schwermütige Ausstrahlung, Frau Ahlmeyer. Dracula war die Lustige Witwe gegen mich. Besonders schwermütig strahlte ich aus in Gegenwart der zwölfjährigen Kirschblüte Traudel Hänsler, die mich, wenn der verdammte Weißkohl in mir zu gluckern begann, beinahe gierig musterte. Später hatte ich dann dieses furchtbare Erlebnis beim Maßnehmen, denn als der Schwager eines Arbeitskollegen meines Vaters, ein gewisser Pappritz Ewald, Herrenschneider von Beruf, im Frühjahr 1944 an mir für meinen Konfirmationsanzug Maß nahm, sagte er zu meiner Mutter: »Der Junge hat aber kurze

Beine, Frieda!« Ich war natürlich aufs äußerste gekränkt, und das wochenlang, weil ich kurze Beine hatte (denn zum Konfirmiertwerden waren sie lang genug), bin aber schon am Tage meiner Konfirmation getröstet worden, Frau Ahlmeyer, paßte mir doch der pappritzsche Konfirmationsanzug ganz hundsmiserabel und sah obendrein scheußlich aus. Als der Krieg zu Ende war, tröstete mich dann endlich das Dichten trauriger Aufbaugedichte über manches hinweg, Frau Ahlmeyer. Leider erreichte ich es nie, daß man beim Lesen meiner Dichtungen weinte oder wenigstens erschüttert guckte. Nur unser Geographielehrer Funke, der am 3. Februar 1946 meinem Mund ein auf seine außerordentlich großen Daumen gemünztes reimloses Gedicht in Form einer nassen Papierkugel entnahm, vergoß einige Tränen, weil ich großer Kerl ihm bei der Entnahme in den Zeigefinger biß. Sonst hat noch nie einer über mich geweint, Frau Ahlmeyer, das gebe ich zu, obwohl ich mich viele Jahre lang nach dem meine Schöpfungen verschlingenden und dabei Rotz und Wasser heulenden Leser sehnte, der mit ergriffenem Schnieben vor sich hin stammelte: »Mein Gott, is det scheen!«

Weil ich doch den düsteren Mantel der Geschichte rauschen lassen wollte in meiner Dichtung, Frau Ahlmeyer, und nicht irgendwelche Zwergspitze. Wie die Pellkartoffel in die Heringsstippe wollte ich meine Schreibmaschine, Marke *Erika* (die Fragezeichen müssen übrigens erneuert werden), mitten ins Herz der Zeit tunken und in großen Druckbuchstaben etwas Anzügliches an den Himmel schreiben, etwas Verwegenes: »Hehe!« und »Nana!« oder so – Sie wissen schon! Aber ich hatte zu kurze Arme, Frau Ahlmeyer!

Darum wandte ich mich vom Ernst des Lebens ab, bedichtete radfahrende Gewürzgurken und andere Lustbarkeiten, was mir Glück brachte, denn erst heute wieder schrieb mir ein Leser namens Müller (den Namen werde ich mir merken!), er würde nach Berlin kommen und mir die Ohren abreißen, weil seine Frau von einer meiner blöden Geschichten einen Frieselausschlag am ganzen Körper bekommen habe. Am ganzen Körper, Frau Ahlmeyer! Außerdem kann unser Wellensittich Egon siebenmal hintereinander freihändig Salto machen, wenn er gute Laune hat, vor- und rückwärts! So etwas fördert das Selbstbewußtsein, Frau Ahlmeyer, und ich habe es nötig, weil's doch schon einen Conrad gibt, den Joseph. Darüber hinaus existiert noch mein armer Bruder Paul, den, obwohl er jünger ist als ich, alle Welt als den Älteren und Reiferen von uns beiden ansieht, vermutlich auch als den Schlaueren, worüber man als geistiger Mensch traurig werden könnte. Ich glaube, die schamlosen Leute haben das schon so gesehen, als Paul noch in den Windeln lag und mich unbeeindruckt anglotzte, wenn ich liebevoll meine Backen aufblies, um ihn zu erheitern. Immer schon war mein Bruder Paul der Ältere, Frau Ahlmeyer, der Bessere, jawohl! Aufgrund seiner dauernden Mürrischkeit wahrscheinlich. Und mit sieben war er außerdem schon einen Zentimeter größer als ich. Schon da mußte ich seine abgelegten Bleyle-Anzüge, diese geschmacklosen Fetzen, auftragen, schrecklich! Gerade in der Kindheit, Frau Ahlmeyer, wo man so viel Wert auf eine ansehnliche Körpergröße legt!

Jetzt, wo ich alt bin und Paul durch seine Mürrischkeit immer kleiner wird, sind wir fast gleich groß. Das ist zum Kaputtlachen, denn jetzt lege ich keinen Wert mehr darauf. Jetzt würde ich mich als Liliputaner wohl fühlen, Frau Ahlmeyer, so ist das. Her mit Pauls abgelegten Bleyle-Anzügen, ich trage sie jubelnd auf! Aber das ist leider vorbei. Es war einmal.

Wie Sie sehen, Frau Ahlmeyer, habe ich es schwer mit meinem Selbstbewußtsein. Außerdem gibt's noch mehrere Vettern meines Namens, mit denen man mich oft verwechselt – seltsame Blasen sind darunter! –, der eine, unser Alfred, hat mir letzte Pfingsten sogar ein von mir verfaßtes wertvolles Buch mit persönlicher Widmung an den Kopf geworfen.

Überdies habe ich die Stimme einer übersteuerten Kindertrompete, wenn ich mich gehenlasse, o Vaterland, du süßer Stern! Uns Sachsen würde man kilometerweit hören, sagt mein Kollege Brockmann. »Warum habt gerade ihr, die ihr sowieso immer auffallt, diese lauten Stimmen?« fragte er mich erst neulich. Natürlich stieß ich sofort einen heiseren Schrei auf hochdeutsch aus, Frau Ahlmeyer, denn die Sachsen laß ich nicht von meinem Kollegen Brockmann kränken. Und mich ehemaligen Sachsen auch nicht! Ich liebe (vor allem am Morgen, Frau Ahlmeyer!) ruhige, saubere, abseits gelegene Toiletten, wo nicht dauernd jemand an der Tür rumwummert und rückelt (ich mach sowieso nicht auf!). Und darum liebe ich in der schönen Ferienzeit, wenn die Grille geigt, auch Mutters greises, krummes Häuschen beim alten Kornapfelbaum hinten, hummelumsummt, fliegendurchbrummt, in dem die Sommerhitze kracht, das nach altem Holz und anderem riecht und ein Herz in der Tür hat. Dagegen ist das »Traumschiff« ein bombastischer Zirkus, denn ich bin eine naive Knallbacke vom Lande, Frau Ahlmeyer, ein nachdenklicher Kleinbürger, ein Schreihals aus unaufdringlichen Gegenden, aus einer kleinen brauereiverzierten Stadt, die seit 580 Jahren in der Sonne liegt und pennt, mal blau, mal rot. Und wenn es regnet, Frau Ahlmeyer, liegt sie im Regen und pennt. (Bis auf einige schwere Feuersbrünste, da wurde sie munter!)

Aber wenn man da mit dem Fahrrad ein bißchen rausfährt, Frau Ahlmeyer, da stehen dann uralte Lindenbäume in sich gekehrt an der Landstraße rum und schütteln die Köpfe (eine Menge haben sie schon abgehauen, die Kannibalen!). Und diese Lindenbäume duften in der Lindenblütenzeit so was von lieblich vor sich hin, daß man glatt vom Sockel gehauen wird und sofort weiß: So müssen die Engel in den himmlischen Vorgärten duften! (Vielleicht beim Blumengießen, wie? – Mit grünen Gießkannen!).

Und im Herbst rauschen diese verdammten Linden wie der Vollbart des lieben Gottes. Das ist die Landschaft, wo noch heute jeder jeden grüßt. An jeder zugigen Haltestelle wird man gegrüßt, Frau Ahlmeyer! »Guuhn Dach ooch, Herr Nachbar!« sagt eine wildfremde sächsische Person zu einem, und die Haltestelle lächelt plötzlich trotz Aids und Pollenflug. Manchmal lächelt sogar das Weltall, und auf einmal hat alles seinen Sinn, sogar dieser grüßende Sachse im alten, geschmacklosen DDR-Anorak. Sogar dieser Mensch mit den furchtbar neuen Zähnen! »Blöder Hund!« denkt man gerührt und grüßt zurück. Aber in der Stadt würde man wahnsinnig darüber werden, Frau Ahlmeyer: Jeder grüßt jeden, stellen Sie sich das vor!

Doch wenn ich mal eins vom Leben auf die Schnauze kriege oder an mir verzweifeln möchte, denke ich an diese sächsischen Eigentümlichkeiten, und gleich wird mir besser: mein Sodbrennen schwindet, meine Ungeduld wird geduldiger, ich möchte niemand mehr verhauen, sondern setze mich an den Schreibtisch, um die Bachstelzen oder die Kornapfelbäume zu loben, und der hochintelligente Leser spricht ergriffen: »Endlich mal einer, der nicht alles durch die Scheiße zieht!«

Darum bin ich vielleicht manchmal glücklich, Frau Ahlmeyer. Nicht mal meine Eltern habe ich gehaßt als Kind. Obwohl mir meine Mutter (waren nicht gerade Weißkohlzeiten) viel zuviel gute Butter aufs Brot gepappt hat und mein Vater, wenn er, von der Arbeit kommend, mit dem Fahrrad an mir vorbeifuhr, immer nur todernst »Guten Tag, mein Herr!« zu mir sagte. Wie zu einem fremden Hund, Frau Ahlmeyer, zu einem Zwergspitz etwa. Ich liebe sogar meine Frau, die Klara, die mir unablässig meine Fehler unter die Nase reibt, denn nichts ist wichtiger als das Aussprechen der Wahrheit, sonst läuft einer vielleicht den ganzen Tag mit offenem Hosenstall durchs Land und hält dabei noch große Reden gegen Menschen mit offenen Hosenställen!

Zwar ist das Leben manchmal, wie ich hier einfügen möchte, damit keine Irrtümer entstehen, ein ganz schöner Misthaufen, und Idioten gibt's auch in Massen, Frau Ahlmeyer, ich sag's mal frei von der Leber weg, aber man darf dabei nicht übersehen, daß es Tage wie Quellwasser gibt und die steinalte Frau Mietzner aus unserem Hinterhaus immer noch lächelt. Ich jedenfalls möchte manchmal lachen, bis der Himmel wackelt und die Ziegel von den Dächern fallen – lachen, bis die Autos kopfstehen und die Spatzen ins Horn stoßen – alles, was mir das Herz abdrückt und mich krummzieht aus meinem Kugelschreiber aufs Papier hinauslachen, aber die Leute würden wohl dann nur abwinken. »Was hat denn der blöde Hund?« würden sie rufen. »Wir haben auch!« Na, soll'n sie mal haben!

Jedenfalls gibt's Tage, die vor Glück schreien. Die sind so schön, daß die Glocken läuten müßten. Und warmen Pflaumenstrudel mit Zuckerguß gibt's auch, Frau Ahlmeyer. Und den Kuckuck im grünen Juni gibt's. Da kann man sich doch nicht dauernd wie ein zu stark aufgepustetes Schwimmtier benehmen, Frau Ahlmeyer. Oder sich Flüche auf den Bauch tätowieren lassen. Sonst explodiert man noch mal, sonst platzt was bei einem, die Hypophyse oder der Unterhosengummi. Selbst ich komm mir unter dem Ozonloch schon manchmal wie mitten durch die Brust geschossen vor. Aber ich kann doch nicht ewig jammern: »Wann kommt denn nu mal der Osterhase, Onkel?« Ich leg mir meine Eier selber, Frau Ahlmeyer! Ich trete ins Freie hinaus, wo die Blätter an den Bäumen hängen, und pfeife auf Schopenhauer, der unsere Erde für die Hölle gehalten haben soll. Oder ich trinke gegenüber der Marienkirche, deren Dach sich wie eine Rutschbahn für Engel in den Himmel schiebt, ein frisches Bier, jawohl.

So naiv bin ich, Frau Ahlmeyer! Und geerbt hab ich das von meiner Mutter, einer geborenen Kottwitz aus Radeberg in

Sachsen, die es sich sogar in ihrer Küche angenehm macht. Jahrzehntelang hatte sie beispielsweise einen Blumenkalender in der Küche hängen, jedes Jahr natürlich einen neuen, den ganzen Sozialismus über, obwohl Walter Ulbrichts Frau, die Lotte, in der Zeitung erklärt hatte, daß Kohl (diesmal nicht der Helmut!) wichtiger sei als Blumen. Meine Mutter pfiff auf Ulbrichts Frau, die Lotte, denn sie liebte beides, den Kohl (siehe: Weißkohl!) und die Blumen, und jedes war auf seine Art wichtig, sogar der jährliche Blumenkalender, den sie von ihrer Kusine bekam, unserer Hanni, meiner Großkusine, die die dicken Waden hat und immer so hoch lacht. Vor Jahren, als sie noch bei der HO war, wohnte unsere Hanni nämlich in der Kleinerkmannsdorfer Straße über der Buchhandlung »Banner des Wissens«, in der vorher die Verkaufsstelle für »1000 kleine Dinge« war. Heute ist da die Deutsche Bank drin. Und weil unsere Hanni schon ewig als Kassiererin in der HO-Kaufhalle arbeitete, konnte sie den Buchhändlerinnen immer mal was Besonderes besorgen, etwas, was gerade mal schwer zu kriegen war, grüne Erbsen oder Haarstriegel aus Weichplast oder Aluminiumhaushaltsfolie oder Tomatensaft oder Pommes frites, denn selbst für Buchhändlerinnen gab es nichts, was es immer gab, Frau Ahlmeyer, das wissen Sie ja wohl als gelernte DDR-Bürgerin auch.

Darum kam unsere Hanni jedes Jahr in die angenehme Lage, meiner Mutter, von der sie die frischen Eier bezog, diesen Blumenkalender zu besorgen, denn sonst gab's den nur unter dem Ladentisch, einen höchst erbaulichen Kalender, wenn seine Kunstblätter im letzten DDR-Jahr auch etwas labberig ausgefallen waren, wie Papier aus Sülze. Aber die abgebildeten Blumen stimmten heiter. Die reinste Augenweide, Frau Ahlmeyer! Bei einem Strauß hat meine Mutter sogar weinen müssen, erzählte sie. Weil er so schön war. Der Fotograf mußte ihn im Westen fotografiert haben, denn man sah

Blumen, die man sonst gar nicht mehr sah und erst heute wieder genießen kann: Tulpen, Freesien, Hyazinthen und liebliche Veilchensträuße. Da kam ein großer Duft in die Welt, da guckte man gern mal mit verklärtem Gesicht auf das Datum, und es machte sogar der Karfreitag Spaß, sagte meine Mutter. Und man freute sich auf den nächsten Tag, Hoffnung kam in die Welt, daß es doch nicht so schlimm werden würde.

Die Hoffnung, Frau Ahlmeyer, ist nämlich eine frische Rose, wenn Sie mir die Bemerkung gestatten. Ein neugeborener Zwergspitz (!) ist die Hoffnung, ein junger Frosch, ein grüner Stern. Spitzen wir also Augen, Mund und Ohren sowie alle Bleistifte, hängen wir unsere Greinerei an den Nagel und hoffen auf ein reichhaltiges Leben! Die Hoffnung, Frau Ahlmeyer, ist unsterblich und kein Dreck, sonst wären wir schon lange eingegangen, denn siehe: es bläst ein frischer Wind, drei vier, und hoffentlich stimmt das auch, und natürlich, Frau Ahlmeyer, ist beim Kornapfelbaum meiner Mutter vieles ganz normal, was es dann bei Ihrem Zwergspitz Nelly nicht mehr wäre – ich muß aber ganz energisch widersprechen, wenn Sie in der Öffentlichkeit behaupten, daß ich über Ihren Zwergspitz Nelly, wüchsen auf diesem Kornäpfel, weniger verwundert wäre als über den Kornapfelbaum meiner Mutter, wenn er bellen könnte. Ich wäre über beide gleich verwundert, Frau Ahlmeyer, denn zur Zeit bin ich überhaupt verwundert, ganz baff bin ich manchmal, das versichere ich Ihnen und bitte Sie, Ihre kränkenden Briefe in Zukunft an Karl Dall zu richten!

Traurige Erlebnisse aus meinem Leben

Als ich kürzlich in Sachsen gewesen war und mit der Bahn nach Berlin zurückfuhr, setzten sich in Dresden-Neustadt (auch kein schöner Bahnhof) ein etwas breites Mädchen und zwei junge Männer zu mir ins Abteil. Der eine junge Mann trug einen Ohrring, der andere trug schlauchartige schwarze Lederhosen, und das breite Mädchen hatte eine grüne Strähne im Haar. »Jugend ist eben Trunkenheit ohne Wein!« dachte ich gutmütig.

Sie setzten sich alle drei mir gegenüber, wobei der junge Mann in den schwarzen Lederhosen gerade zu dem mit dem Ohrring sagte: »Hör mor bloß off mit däm Schaißwinder, der neue is noch gar ni da, da had mor den aldn noch digge!«

»Das kann'sch dor flüstern!« erwiderte der mit dem Ohrring und nickte. Dann schüttelte er sich, wobei der Ohrring zu tanzen begann, und sagte zu dem Lederhosigen: »Ich deng noch dran, wie'ch ledzdes Friejohr dä Blane von meiner Miehle rundernehme und sehe, daß'ch ni bloß'n Bladden hab, sondern daß ooch der Blinkor kapudd is, das war mor vielleichd ä beschissenes Friehlingserwachen, das kann'sch dor flüstern, siebzehn Mork fuffzsch kosd' so'n Dräckding!«

»Häddsd'ne Waihnachtskerze nähm solln!« sagte der Lederhosige.

»Das kann'sch dor flüstern!« nickte der mit dem Ohrring. »Und das Blech am Blinkor war dodal verrost', ein einzscher Misdhaufn!«

»Häddsdn Stick Wellpabbe einsetzen solln!« sagte der in den Lederhosen.

»Das kann'sch dor flüstern!« erwiderte der mit dem Ohrring. »Der Lenkor war ooch verbogn – und die Schaiße kriegste doch ni, krieg mal'n Lenkor for so'n Olddaimer!«

»Häddsdor'n Stick Wasserrohr zurechtbiegn solln!« entgegnete der einfallsreiche Lederhosige.

»Das kann'sch dor flüstern!« antwortete der mit dem Ohrring, aber hier fuhr das Mädchen mit der grünen Strähne dazwischen und rief: »Nu said abor endlich ma ruhisch, von euerm Gebabel wird ei'm ja ganz drehend!«

Damit hatte das Mädchen höchstwahrscheinlich für sich selber recht und sozusagen den Wäschepfahl auf den Kopf getroffen, mich aber hatte das melancholische Gespräch der beiden jungen Weltenbummler immer heiterer gemacht, obwohl ich zuvor wegen des vernagelten Bahnhofs von Dresden-Neustadt und der allgemeinen Weltlage von den allertrübsten Gedanken heimgesucht worden war.

Außerdem hatte ich am Vortag in meiner bei Dresden gelegenen Vaterstadt einen ehemaligen Mitschüler getroffen, einen gewissen Hampel Eberhard, einen alten Transack, der immer zu den Schlechtesten an der Kletterstange gehört hatte und nun plötzlich, fünfzig Jahre später, mit einem gewaltigen Wanst aus einem neuen Mercedes kroch! Mich traf fast der Schlag. Es war zwar erfreulich für die heutige Zeit, daß selbst so ein Transack bis zum Mercedes aufsteigen konnte – und das in einer Stadt, die noch nicht einmal sechzehnhundert Einwohner zählte –, aber unsereiner, der in Berlin lebte, wenn auch unter den Bedingungen eines vergammelten Treppenhauses, wäre als Künstler und ehemaliges Kind auch gern mal etwas nobler in seiner Heimatstadt aufgetreten! Wäre mir dieser Hampel als verkommenes Subjekt begegnet und hätte mich mit demütigem Gebaren (eventuell einem Kniefall) als ehemaligen Mitschüler flehend um fünf D-Mark gebeten, das hätte mir Spaß gemacht. Der Mercedes wirkte nur bedrükkend auf mich, ich kann nichts dafür.

Darum begann ich bei dem Gespräch der beiden jungen Männer aus dem Sachsenland zu vermuten, daß ein trauriger Mensch nicht durch erfreuliche Erlebnisse aufgeheitert wird, sondern durch traurige. Beispielsweise werde ich immer ganz munter, wenn jemand in meiner Gegenwart einen Hexenschuß bekommt. Mir fiel auch gleich meine Jugend ein, wo ich einmal wegen eines furchtbaren Geschwürs einen Wattestöpsel im linken Nasenloch tragen mußte und ziemlich kleinlaut war. Aber als wir dann das Wartezimmer des Arztes betraten, meine Mutter und ich, und als wir dort einen erbärmlich plärrenden Jungen in meinem Alter erblickten, dem sie sogar beide Nasenlöcher zugestöpselt hatten, da herrschte wieder die Lebenslust in mir. Fast hätte ich vor Freude aufgeschrien!

Aus diesem Grund will ich noch ein weiteres trauriges Erlebnis aus meinem erlebnisreichen Leben anführen, um endlich auch die sauertöpfischen Teile der Leserschaft in Stimmung zu versetzen, kaufte ich doch vor vielen Jahren als junger Ehemann, in der tiefsten DDR war's noch, von Herbert Griesmüller einen Zehnplattenspieler, ein beinahe vollkommenes Gerät, wenn man es richtig angeknipst hatte. Ganz gegen seine geldgierige Art erließ mir Griesmüller, die Kanaille, sogar zehn Mark des geforderten Preises. Dieser Zehnplattenspieler, »ein Prunkstück«, wie Griesmüller sagte, war am ersten Tag eine große Anschaffung für mich und meine Frau, vom zweiten Tag an aber war's ein Alptraum aus Tausendundeiner Nacht, ein Ding wie die Hängenden Gärten der Semiramis, von Franz Kafka beschrieben, etwas richtig Originelles eben, das nur uns passieren konnte, wie meine Frau jammerte, und das speziell dem Besucher vom Land, wo ja damals die schwere sowjetische Landmaschinentechnik zu Hause war, ein Gebrüll der Verwunderung entlockte. Unsere Kusine Herta, die Besamungstechnikerin, lud uns daraufhin sogar zum Schlachtfest nach Lotzdorf ein.

Darum hatte ich damals eigentlich dauernd mit Zehnplattenspielerspielenlassen zu tun, war jedoch diesem ekelhaft gelenkigen Ding überhaupt nicht gewachsen. Vermutlich mißlang mir dadurch auch meine Karriere als Schauspieler.

Obwohl der Apparat noch nicht einmal einer mikroelektronischen Steuerung gehorchte und nirgendwo sichtbare Chips, Schaltkreise oder Laserstrahlen eingebaut waren (wie man sieht, verstehe auch ich ein wenig von der Materie!), bekam ich schon bei seinem Anblick meinen Bläschenausschlag auf der Oberlippe und hätte ihn manchmal fast erschlagen, diesen häßlichen Nußknacker, wo mir Griesmüller doch so eine Menge Geld dafür abgenommen hatte, und ich im Theater nur immer erste und zweite Soldaten spielen durfte. Wenn ich schon die vielen schwarzen Tasten des Geräts sah! Und diesen bösartigen Stahlbolzen, den man (ich vermute, er versteckte sich mit Absicht) immer suchen mußte! Auf diesen Bolzen kamen die Platten, zehn Stück übereinander, schwere Dinger, die damals noch aus Schellack bestanden, achtundsiebzig Umdrehungen in der Minute. Es klatschte ordentlich nackt, beinahe erotisch, wenn Opas Lieblingslied »Kleines Haus am Wald« auf den Plattenteller fiel, ach, du seliger Herbert Roth! Es fiel aber nur, wenn man die Tasten in der richtigen Reihenfolge gedrückt hatte. Der Schwierigkeitsgrad war hierbei nicht größer als der beim Einfliegen einer schweren Düsenmaschine.

Dann aber begann der Plattenteller zu schnurren, die neue Technik, wie man damals sagte, entfaltete sich, die Mechanik burrte und fauchte in allen Tonarten – anfangs nahm ich sogar an, unser Goldhamster sei ins Triebwerk geraten –, stolz und unnahbar hob der Tonarm sein Haupt, die aufeinandergestapelten Schellackplatten knirschten auf ihrem heimtückischen Stahlbolzen, als knirschten sie mit den Zähnen, und es erklang zum Erstaunen aller die gewünschte Musik, ein Wunder der sozialistischen Produktion, heil den siegreichen Erbauern!

Viel öfter geriet der Apparat aber leider in jenen tranceähnlichen Zustand, wo er Kunststückchen vorzuführen begann und sich wie eine verrückt gewordene Küchenmaschine benahm. Dann wiederholten sich die mechanischen Vorgänge auf beinahe künstlerische Art, als hätte sie mein Regisseur Dr. Buttermann inszeniert, der Tonarm richtete sich eitel auf, spreizte das Gefieder und begann Spitze zu tanzen, das Gerät geriet außer Kontrolle, es steckte unvorschriftsmäßig die Zunge heraus, spielte verrückt, wackelte mit den Ohren, versuchte Hans Moser zu kopieren und rülpste manchmal sogar. Selbst, wenn man die Hauptsicherung in der Wohnung zertrümmerte, patschten die Schellackplatten weiter aufeinander los, als versetzten sie sich Ohrfeigen, und ich glaube heute noch, daß sie die elektrische Energie dafür dann selbst erzeugten, also zu einer Art Perpetuum mobile geworden waren. In solchen Fällen war es erst einmal das beste, die Wohnung zu verlassen und sich irgendwo zu betrinken.

Diese Erfahrungen sind, wie ich endlich einmal erklären muß, der Grund dafür, daß ich heute schon graue Haare habe. Jahrelang wollte ich auch nichts von Schellackplatten wissen, nicht einmal von Opas Lieblingslied »Kleines Haus am Wald«, armer Herbert Roth! Freilich bin ich nun zu der Einsicht gelangt, daß nicht nur ich ihn nicht, sondern, daß auch der Zehnplattenspieler sich selber nicht gemeistert hat. Vermutlich hätte er jetzt auch graue Haare. Ich hab ihn aber eines Tages trotz seiner geheimnisvollen Greifarme zerhackt. Und mit Griesmüller habe ich bis heute kein Wort gewechselt, bekomme aber, wenn ich ihn sehe, meinen Bläschenausschlag auf der Oberlippe, denn was soll die ganze elektronisch-mechanische Verarbeitung des Lebens, wenn der Mensch daran kaputtgeht und seinen Bläschenausschlag auf der Oberlippe bekommt? Was ist ein Computer gegen den Menschen?

Eine seelenlose Pfeife mit Lötstellen ist er, das muß schon

mal gesagt werden, wenn ich dabei auch vom Thema abschweife. Wie herrlich ist doch der Mensch! Groß und stark ist er und schwer zu berechnen. Der Mensch kommt notfalls auch ohne Steckdose und Verlängerungsschnur aus. Der Mensch ist ein überraschendes Lebewesen. Er kann, obwohl er natürlich manchmal auch ein blöder Hund ist, Zusammenhänge erkennen, er kann den Paarungsruf des Rebhahns nachahmen, er hat ein rotes Herz, eine Vorliebe für Geld, viel Durst, oft sogar Grips im Kopf und manchmal schöne Waden. Was hat dagegen ein Computer? Nicht mal Haare auf der Brust hat er, von Pferdeäpfeln ganz zu schweigen! Und beherrscht wird er dann auch noch vom Menschen. Aber eben auch bewundert, das ist das Traurige!

Mein Kollege Ulli Räupler beispielsweise, der sich im Fernsehen seit Jahrzehnten ohne Klage die Spielfilmwiederholungen der Spielfilmwiederholungen von Spielfilmwiederholungen ansieht, hat einen Sohn, den Detlef, der auch jede computerisierte Lötstelle anhimmelt. Der arme Junge ist beispielsweise in seinen putzigen, kleinen Kassettenrecorder vernarrt, daß es kaum zu glauben ist. Sogar im Konzertsaal trägt Detlef Räupler die schwarzen Wattekopfhörerchen, wie Räupler letztens entsetzt bemerkte. »Aber Detlef«, flüsterte er, »muß denn das sogar bei der Trompeten-Ouvertüre von Mendelssohn Bartholdy sein?« Da habe ihn der Junge nur groß angesehen und ihm den Kopfhörer rübergereicht, sagt Räupler, und da hat er eigenhändig gehört, sagt er, daß sich der Junge von seinem Walkman ebenfalls die Trompeten-Ouvertüre von Mendelssohn Bartholdy vorspielen läßt! Später ist Räupler auch noch dahintergekommen, daß sich Detlef im Wald nur Kassetten mit den typischen Vogelstimmen (also nicht Kanarienvogelgezwitscher!) und dem Knarren alter Kiefern anhört – im Laubwald sind's natürlich Kassetten mit den Geräuschen der Laubbäume. Mein Gott, wenn ich da an unseren Uropa denke, der noch nicht mal einen Kühlschrank besaß, von einem Walkman ganz zu schweigen! Und für einen Automatiktoaster hätten unserem Uropa sogar das originale Toastbrot und der elektrische Strom gefehlt, ist das nicht traurig? Wie haben solche Menschen den Alltag gemeistert? Ich aber als kybernetische Null erschrecke trotz meiner negativen Zehnplattenspielererfahrungen (und trotz des furchtbaren Nasengeschwürs im Kindesalter!) nicht einmal mehr, wenn das Toastbrot wie der Hund mit der Wurst aus dem Toaster springt. Ich bin sogar in der Lage, die Kaffeemaschine zu bedienen, ich beherrsche den Fernseher beinahe perfekt und kann das Feuerwehrauto meines Enkelsohns Franz auseinandernehmen (manchmal sogar wieder zusammensetzen!). Ich weiß also auf wissenschaftlich-elektronischem Gebiet schon mehr, als Goethe trotz seiner Bildung je gewußt hat. Aber damals wurde ja, was beispielsweise das Fernsehen angeht, noch nicht mal gesendet.

Darum will ich mich auch nicht mehr (oder nur an hellblauen Tagen) auf grüngestrichenen Parkbänken herumfläzen, um den jungen, schönen Weibern nachzuglotzen und wie ein Bullenkalb die Nasenlöcher aufzureißen, weil der Grünfink pinkt – ich will auch nicht mehr unbeschwert über die Felder springen und hübsche Sachen denken, sondern ich will mich sozusagen computerisch vervollkommnen und mich an traurige Erlebnisse im Leben zu erinnern versuchen, wie zum Beispiel an die Sache, die mir mit Heinrich in Tbilissi widerfuhr.

Ich hoffe, Sie kennen Tbilissi? Wie ein großes, angenehmes Vogelnest liegt es in einer besonnten Talsenke Grusiniens, am Ende der bekannten Grusinischen Heerstraße, die schon in Brechts »Kaukasischem Kreidekreis« vorkommt. Liebliche Stadt, in der ich für meine damals noch kleinen, aber starken und zerstörerischen Söhne einen Spielzeug-LKW kaufte, einen Kipper in Schuhkartongröße, kaum zu tragen und für alle Zeiten unzerstörbar, weil er vermutlich aus demselben soliden Stahlblech gefertigt wurde, aus dem auch die richtigen großen Kipper für die sibirischen Baustellen gefertigt wurden. Zwischen Großem und Kleinem Kaukasus kaufte ich dieses siegreiche Spielzeug, welches die Sowjetunion überdauerte. In Tbilissi, Georgien, kaufte ich es, wo der schwarze Tee wächst und ich mit dem Theater war, um Theater zu spielen.

Am dritten Tag schon, ich hatte endlich keine Probe (die beglückendsten Augenblicke im Schauspielerleben, außer dem Gagentag!), zog ich mutterseelenallein und verkatert los, um mir ein Stück Welt anzueignen. Tbilissi ist von Höhenzügen eingerahmt. Das Flugzeug läßt sich beispielsweise – wie der Adler auf den Hasen – auf den kleinen Flugplatz herunterfallen, um im letzten Augenblick dann doch noch erfolgreich zu landen. Man erschrickt zu Tode dabei, aber die Freude über die Landung gleicht das aus. Schuld daran sind die dort aufgestapelten Berge – hört einer auf, fängt der nächste an, und der hinaufsteigende Wanderer, besonders wenn er aus der Prenzlauer Allee kommt, erlahmt verflucht schnell, bekommt Blasen und weiche Knie. Meilenweit hört man ihn schnaufen! Ohrenmäßig bin ich zwar durch Berlins pausenloses Autogebrüll einen gewaltigen Stiefel gewöhnt, aber mit der Puste ist es nicht so gut bestellt. Trotzdem kletterte ich durch Kraut und Stein, durch Eiche und Buschwerk, stundenlang, immer am Hang lang, besoffen von der würzigen Luft, berauscht von meiner gebirglerischen Zähigkeit.

Zurück bin ich dann mehr gerutscht. Wie ein Lebewesen, das statt seiner gewohnten zwei Beine plötzlich drei oder sieben Beine hat, taumelte ich aufs Hotel zu. Ich war völlig fertig, als ich an der bohnerwachsduftenden Rezeption meinen Schlüssel verlangte: »Zimmer drei drei fünf, *poschalsta, trie trie pjatch*!« Der Portier mit der riesenhaften Tellermütze – sie hatte die Größe einer Aufschnittplatte und war vermutlich für Marschälle der Sowjetunion gedacht – wies nach oben. Der Schlüssel war also schon von Heinrich, mit dem ich zusammenwohnte, abgeholt worden, brav!

Als ich eine Viertelstunde lang die Zimmertür bearbeitet hatte, wußte ich, daß sich Heinrich nicht im Zimmer aufhielt. Das kam wie eine Erleuchtung über mich, ich kann nichts dafür! So fuhr ich also im Fahrstuhl wieder zu dem Portier mit der Tellermütze hinunter. Er trank gerade Tee, *Tschai* nennt man das dort. Mühevoll versuchte ich, einen zweiten Schlüssel von ihm zu erlangen. »*Trie trie pjatch*!« rief ich wiederholt, wobei unser Mann mehrmals mit dem Daumen nach oben wies. »Einen Zweitschlüssel für *trie trie pjatsch, Towarischtsch*!« erklärte ich in teilweisem Russisch und hielt dem Portier zwei Finger vor die Nase. »*Dwa*!« rief ich, um ihm klarzumachen, daß ein zweiter Schlüssel nötig sei. Der Mensch schüttelte nur die Aufschnittplatte, obwohl er eine typisch russische Stupsnase hatte und keinen georgischen Adlerzinken.

So fuhr ich erneut hoch zu Nummer *trie trie pjatch*. Es öffnete mir immer noch keiner. »Heinrich!« schrie ich verzweifelt. »Heinrich, verflucht noch mal!« Als ich es mehrmals geschrien hatte, ging die Nebentür auf. »Unvorschämdhaid!« rief ein mir völlig fremder Mensch mit einer viel zu hohen Stimme und einem viel zu kleinen Schlafanzug voller rosa Punkte. Ich sehe diese rosa Punkte noch vor mir! Wie lauter winzige rosa Eier von winzigen rosa Tieren, vermutlich ein Ostergeschenk einer eifersüchtigen Ehefrau, widerlich! Damals winkte ich nur verbittert ab, denn nun war ich nicht einmal an den Abhängen des Kaukasus in der richtigen Fremde, wo man eventuell auch mal Heimweh bekommen konnte. Überall Mutterlaut! Überall Sachsen! Allerorten Schlamperei!

Beinahe schwermütig setzte ich mich vor die Zimmertür. Das war nun der Lohn für all die Mühe! Der Rücken brüllte vor Schmerz. Die Füße waren aufgequollen wie frischer Sauerteig. Schließlich war ich schon damals kein Jüngling mehr. Außerdem wäre nach dieser Gebirgswanderung auch Goethe knülle gewesen. Trotz seiner Italienreise! Selbst Reinhold Messner wäre knülle gewesen! Ab und zu wimmerte ich leise, ließ mich gehen, wurde aber durch das verkrümmte Sitzen und den Gedanken an die Tellermütze des Portiers immer apathischer.

Nach knapp drei Stunden, zehn Minuten, bevor ich ins Theater mußte, kam Heinrich in Pantoffeln angeschlurft. Im Kaukasus, am Ende der berühmten Grusinischen Heerstraße in Pantoffeln! Kein Wunder, daß einem alle romantischen Vorstellungen von der schönen, weiten Welt flötengingen! Kaum aufstehen konnte ich, so steif war ich geworden. »Was machst denn du da?« fragte mich Heinrich verwundert.

»Aber, Heinrich, Mensch, das darfst du mich doch nicht auch noch fragen, wo ich hier wie ein Idiot auf den Zimmerschlüssel warte!« antwortete ich. »Ich bin ja völlig fertig heute abend, ich breche ja unter meinem Brustharnisch (zweiter Soldat!) auf offener Bühne zusammen!«

»Na, so was Dämliches!« rief Heinrich. »Ich hab dir doch extra einen Zettel aufs Bett gelegt, daß ich bei Achim zum Skat bin und den Schlüssel mithabe, Zimmer sechshundertsiebenundzwanzig!«

Erregt schloß ich die Zimmertür auf – sie ließ sich tatsächlich öffnen! – und wirklich: Auf meinem Bett lag säuberlich in der Mitte ein Zettel, auf dem mir Heinrich in Druckbuchstaben mitteilte, daß er bei Achim auf Zimmer 627 skatspielen sei, ich möchte mir den Schlüssel dort abholen: »Dein alter Freund Heinrich!«

»Na, siehste!« rief Heinrich. »Na, siehste!« rief er, und mir wurde sofort klar, daß er mir hier gerade wieder einmal ein bestürzend trauriges Erlebnis offerierte. Mit Heinrich kann man eben sogar am Ende der Grusinischen Heerstraße Trauriges erleben!

Mexikanische Bratkartoffeln

Am Dienstag unterhielten wir uns an der Straßenbahnhaltestelle Immanuelkirchstraße über kulturelle Fragen, der dicke Hitzinger und ich, speziell über Fernsehkrimis, wobei sich Hitzinger heftig über seine Frau beschwerte, die eine Männerfresserin erster Güte sei, obwohl er – an dieser Stelle weinte Hitzinger fast – schon vor dreizehn Jahren das häusliche Rauchen aufgegeben habe und seitdem auch noch die Zigaretten, die er zu Hause nicht mehr rauche, außerhalb rauchen müsse, er käme manchmal gar nicht mehr nach und huste morgens wie ein verrückter Affe wegen dieser unseligen Entscheidung, alles nur wegen seiner Frau. Sogar die wohltuende Angewohnheit, sich mit Streichhölzern in den Ohren herumzustochern, habe er wegen dieser emanzipierten Furie aufgegeben, die Krimis im Fernsehen seien sein ganzes Vergnügen geworden, der Himmel erhalte sie ihm!

Ich muß gestehen, daß mir Hitzingers Geständnisse Eindruck machten, fünf Straßenbahnen ließ ich sausen, obwohl es an der Haltestelle wie Hechtsuppe zog, was die berühmte Berliner Luft war, für die sie immer Reklame machen, die aber meist als Durchzug auftritt, doch ich blieb standhaft, denn auch mir imponierte der Fernsehkrimi, wenn er nicht gerade als moralisierendes Weihnachtsmärchen daherkommt.

»Dabei müßte meine Frau vor Freude heulen!« bemerkte Hitzinger und setzte tränenschwer hinzu, daß die Männer früher herdenweise in die Kneipe gestampft seien, heute aber bilde sich der Mann nach der Arbeit weiter, um seinen durch die Jagd nach Erfolg geschärften Geist beim Krimi noch mehr zu schärfen. Doch wie reagierten die Ehefrauen darauf?

»Mein Mann glotzt immer so ville in die Röhre, Frau Bullke, det is wie ein Sog in ihm!« plärre seine Frau. »Und ihre Busenfreundin Bullke«, setzte Hitzinger schmerzlich hinzu, »ihre geliebte Gesprächspartnerin auf der Treppe, diese mißgünstige Kanaille, wackelt sofort zustimmend mit der Dauerwelle!«

Nachdem er sich tüchtig ausgeschnaubt hatte, fuhr Hitzinger etwas ruhiger fort: Früher, sagte er, vor der Fernsehepoche, wenn da ein Mann unablässig Wildwestschwarten verschlang, habe seine Frau überall herumposaunt: »Mein Gatte liest so leidenschaftlich, daß er schon Plieraugen davon hat, o Gott, o Gott, o Gott!«, und jeder habe sofort ein bewunderndes »Oh!« ausgestoßen, als sei jener Wildwestschwartenfan ein bedeutender Kulturschaffender gewesen, ein Vorbild der Jugend, Kunstfotograf, Filialleiter der Kreissparkasse oder gar Oberbuchhalter, denn der Mensch neige dazu, zwar das In-die-Röhre-Gucken zu unterschätzen, aber das Gedruckte lobpreise er schon seit Gutenberg, weil er annehme, es beruhe auf Tatsachen.

»Ja, Pustekuchen!« rief Hitzinger. Dieses Vorurteil stamme noch aus der Ära des Analphabetismus, wo das gedruckte Wort auf Teufel komm raus für die Wahrheit gehalten wurde, obwohl mit ihm von jeher so viel Schindluder getrieben worden sei, daß es einem ehrlichen Menschen grause. Dagegen sei ein blutrünstiger Krimi im Fernsehen die fromme Helene!

Nur nicht für seine Frau sei er die fromme Helene, rief Hitzinger, denn seine Frau habe etwas gegen das Geistige. »Bring lieber den Mülleimer runter!« sei ihre Parole.

»Sogar Brecht hat Krimis geliebt, du unduldsame Kuh, und Brecht war vielfacher Autor, wenn auch etwas rot!« hat er sie angebrüllt.

Doch nicht mal Brecht würde auf diese Frau Eindruck machen, einer kulturpolitischen Argumentation sei sie nicht zugänglich, weil sie innerlich verholzt sei wie ein altes Radieschen und einen guten Bohnenkaffee für wichtiger halte als die neuere deutsche Dramatik. »Der Mensch hat keine Sensortasten, Kollege Conrad, man kann ihn nicht umschalten!« rief Hitzinger.

»Ein Krimi ist trotzdem ein Hochgenuß, Nachbar Hitzinger!« erwiderte ich tröstend, und die Berliner Zugluft zog unbeirrbar unsere Allee runter.

So sprachen wir an der Haltestelle Immanuelkirchstraße miteinander, der dicke Hitzinger und ich, sprachen über das Kriminologische im Leben, wobei uns ein sonderbarer Mensch in Jesuslatschen und jägergrünen Reithosen, sogenannten Breeches, beinahe zärtlich zuhörte. »Ziemlich enttäuschend finde ich es aber doch«, sagte Hitzinger, sich an mich und den Jägergrünen wendend, »daß in manchen Krimis bereits nach fünfzehn Minuten zehn Millionen Fernsehzuschauer den Täter kennen, aber die drei abgehetzten Pfeifen von Scotland Yard, die mit der Klärung des Falles beauftragt wurden, kennen ihn nicht, was soll man da vom Tempo der Polizisten halten?«

»Wenn sie den Verkehr eigenhändig regeln, dauert's auch so lange!« warf der grüne Reitlehrer ein. »Aber biegen Sie mal falsch mit dem Mofa ab, dann sind die Leute schon vorher da!«

Hitzinger musterte den Jagdpächter erfreut. »Der amerikanische Polizist verhält sich noch rätselhafter, mein Freund«, entgegnete er. »Wenn die Ganoven seinem Kollegen beispielsweise soeben die Nase weggeschossen haben, kommt er zum Tatort und fragt diesen Kollegen: ›Alles in Ordnung, Fred, alles okay?‹, obwohl er doch ganz deutlich sieht, daß an Fred nicht alles okay ist!«

»Ich könnte mich immer kaputtlachen«, mischte nun auch ich mich ein, »wenn so ein Inspektorchen einen Verdächtigen fragt: ›Was haben Sie vor sieben Jahren am Dienstag, dem 12. Juni, um vierzehn Uhr zweiundzwanzig gemacht?‹, und der Befragte fängt zu überlegen an, was er 2555 Tage zuvor am 12. Juni 1985 um vierzehn Uhr zweiundzwanzig gemacht hat, stellen Sie sich das mal vor, ich könnte mich zerfetzen über dieses Höchstmaß an menschlicher Blödheit, wo sich bei mir schon eine Luftblase im Kopf bildet, wenn man mich fragt, was ich gestern gemacht habe!«

»Gestern war ich bei meinem Orthopäden Dr. Wiesinger, Perschauer Straße fünfunddreißig, wegen meiner Kniescheibe!« antwortete mir Hitzinger nervös, und auch der berittene Forsteleve sah mich erschrocken an.

»Das kommt von den Reithosen!« dachte ich. Was war heutzutage bloß auf dem Hosensektor los? Am Sonntag hatte ich auf dem S-Bahnhof Jannowitzbrücke einen Kerl mit einem bis zu den Knien durchhängenden Zwickel gesehen, am Vortag erst eine magere Blondine in lila Pluderhosen, meine eigene Tochter trug mit Absicht Löcher in den Jeans, manche, sogar solche mit O-Beinen, trugen mit gar nichts darüber so eine Art Strumpfhosen am ganzen Körper, und dieser Jagdreiter hier durchstreifte die verhärtete Welt in jägergrünen Breeches! »Vielleicht gibt's ihm ein Gefühl der individuellen Freiheit oder der Solidarität mit den Bäumen?« dachte ich gerührt, und die Hosen des Rennreiters weiteten sich – war's vom Durchzug? –, als bekämen sie dicke Backen. Kein Ding auf Erden war eben vollkommen! »Sogar das Kriminelle ist mit Enttäuschungen verbunden, Nachbar Hitzinger!« stellte ich fest.

»O ja, Kollege Conrad«, erwiderte mir Hitzinger und holte tief Luft, um uns sofort von einer solchen Enttäuschung, die er letztens bei einem Fernsehkrimi erlebt hatte, zu berichten. In einem düsteren Hotelzimmer spielte die Handlung, erzählte er. Die Gangster zählten Goldbarren. Und draußen näherten sich die Bullen. Einer auf der Feuerleiter, einer im Korridor, einer durch die Lüftungsschleuse, einer im Fahrstuhlschacht, einer vom darüberliegenden Balkon: Bulle an Bulle, Bulle über Bulle, Bulle hinter Bulle! Die Gangster aber zählten Goldbarren. Und der Fernseher im Hotelzimmer lief. Man hätte es am milchigen Flackerlicht erkannt. Und die Bullen näherten sich. Und als es am spannendsten war, sagte Hitzinger, als man den ersten Überraschungsbums erwartete, haben sie in diesem Krimi im Fernsehapparat des Hotelzimmers, wo die Gangster Goldbarren zählten, haben sie, damit es durch die andersartige Unterbrechung noch spannender wird sozusagen, einen schnurrbärtigen Fernsehkoch gezeigt, der mexikanische Bratkartoffeln zubereitet habe – wohlbemerkt: Im Fernsehgerät des in diesem Fernsehkrimi auf seiner Mattscheibe gezeigten Hotelzimmers hätte dieser schnurrbärtige Fernsehkoch die sagenhaften mexikanischen Bratkartoffeln zubereitet: »Closed Zarathustra in Stippe with ham« oder so ähnlich, wie er es dem gebrochenen Englisch – oder gebrochenen Spanisch – (auf jeden Fall sei es gebrochen gewesen) des schnurrbärtigen Kochs aufgrund seiner Sprachkenntnisse (zwei Wintersemester Volkshochschule Treptow) hätte entnehmen können. Aber sie seien es zweifelsohne gewesen, von denen man sich in Hobbykochkreisen Wunderdinge erzählte, die sagenumwobenen mexikanischen Bratkartoffeln, obendrein noch »with ham«, also mit amerikanischem Schinken, vermutlich eine Abart der hiesigen Speckbratkartoffeln, nur mexikanischer eben, pfeffriger, temperamentvoller – oder es habe sich das »with ham« auf die Stippe bezogen, also Stippe »with ham«, eine Art Speckstippe, wobei »ham« wahrscheinlich von den berühmten »ham and eggs« herstamme.

Jedenfalls habe er dieses Rezept noch in keinem seiner vielen Kochbücher finden können, aber in diesem miesen Gangsterfilm, in dem der Fernsehapparat im Hotelzimmer nur schwarzweiß gesendet habe, hätten sie die mexikanischen Bratkartoffeln vorgeführt – sogar und ganz groß im Bild zuletzt: mit einer Aufstellung der Zutaten! Wie bei Simmel! Für ihn sei's jedenfalls gewesen, sagte Hitzinger, als habe da in der Pfanne auf der Mattscheibe des Hotelzimmerfensters eine Blaue Mauritius geprutzelt! Wie im Rausch sei er in die Küche gestürzt nach der Schulkreide, schnell, schnell, ihr Hunde! Als er aber zurückgekommen wäre, um die Zutaten auf der Couchtischplatte zu notieren, hätte doch so ein Idiot von Polizeisergeant aus dem Speisenaufzug heraus den Fernseher im Fernsehen in Klump geschossen, das Rindvieh!

Er sei, erklärte Hitzinger, von diesem Vandalismus wegen einiger Goldbarren so angewidert gewesen, daß er sofort abgeschaltet habe. So eine Enttäuschung durch die Polizei habe er noch in keinem Krimi erlebt, nicht mal in diesem kanadischen Psychothriller, wo der Polizeipräsident als Miß Neuseeland entlarvt wurde und dann auch noch der Mörder war, gestand er uns und rief: »Jetzt habe ich aber einen Appetit auf Speckbratkartoffeln bekommen!«, worauf der Springreiter begeistert nickte. Aber auch ich konnte mir ein Nicken nicht verkneifen, denn nun waren wir sogar in die Zeitkritik hineingeraten, hatten die negativen Momente, die auch im kriminellen Metier lagen, aufgedeckt und alle drei ganz blasse Ohren von der Berliner Zugluft bekommen.

»Trotzdem«, sagte ich und begab mich, gefolgt von den beiden Mitbürgern, auf die Warteinsel, »trotzdem«, sagte ich, »ist die Entfaltung des technischen Fortschritts nicht aufzuhalten, meine Freunde, vielleicht, Nachbar Hitzinger, kaufen Sie sich schon morgen eine Videokassette mit diesem Fernsehkrimi und spielen sich Ihre mexikanischen Bratkartoffeln so lange vor, bis Sie die Zutaten mit Schultafelkreide auf Ihrer Couchtischplatte notiert haben, die Möglichkeiten der Fernsehinformation werden immer gewaltiger!«

»Nur wir Menschen bleiben dieselben Idioten!« erwiderte der dicke Hitzinger melancholisch und stieg, von dem ergriffenen Turnierreiter gefolgt, hinter mir in die Straßenbahn.

Die Wahrheit über Mockers und Schriemeiers

Mockers und Schriemeiers reden nicht mehr miteinander, erzählt man! Weil sie sich auf dem Thüringer Volksfest hier bei uns im Stadtbezirk gekracht haben, sagen die Leute. Grußlos wie Karpfen würden sie aneinander vorbeigehn! Angenommen, das träfe zu, dann wär's traurig. Traurig wär's. Wo es doch so wichtig ist, daß man miteinander redet. Weil sonst die Gefahr besteht, daß man wegen der Blödheit der anderen durchdreht oder mit Blindheit geschlagen wird.

Es trifft zwar zu, daß Herr Schriemeier beim letzten Skatabend gesagt hat, Mockers Jüngster, der Detlef, habe als Säugling einen Wasserkopf gehabt. Aber Herr Schriemeier sagt immer so was. Das wäre nie ein Grund zum Nichtmehrmiteinanderreden gewesen. Zwei Wochen zuvor, als Frau Mocker wegen einer Hornhautentzündung die schwarze Augenklappe tragen mußte, hat Herr Schriemeier sogar gesagt, daß vernünftige Menschen ihre Hornhaut an den Füßen hätten. Aber auch da haben sie weiter miteinander geredet, denn das ist nun mal so Herrn Schriemeiers Art, der redet manchmal so mit einem, will seine häßlichen Kalauer loswerden, Hahn im Korbe sein, sich mitmenschlich betätigen.

Miteinander reden heißt schließlich leben. Da funktionieren die Weichen noch und die Stellwerke, da ist man vorhanden, die Drüsen arbeiten, die Ohren klingen, es schmettert die Lerche. Natürlich beleidigt man sich auch manchmal. Doch man haut sich nicht. Zwar redet man manchmal einen ausgesprochenen Käse, aber man hört's. Einen ausgesprochenen Käse, den einer schweigt, hört man nämlich nicht. Darum ist

Reden gesünder als Gold, denn hinter der Unnahbarkeit der Sphinx verbirgt sich oft nur eine Leere.

Außerdem trifft es natürlich zu, daß Mockers und Schriemeiers zusammen auf dem Thüringer Volksfest waren – hier bei uns im Stadtbezirk Prenzlauer Berg, das bestreitet kein Mensch! –, aber sie waren nur dort – hier bei uns gleich um die Ecke war's! –, um zu sehen, wieviel Menschen auf dem Thüringer Volksfest sind und ob vielleicht ein Thüringer Bauchredner auftritt oder so und weil Herr Mocker seinen siebenunddreißigsten Geburtstag hatte, nicht, um sich zu krachen! Und dann hat's auch geregnet wie meist auf Volksfesten. Aber mit Aufheiterungen. Außerdem hatten alle nach knapp zwei Stunden so viel Bier getrunken, daß sie viel mehr von den Aufheiterungen wahrnahmen als vom Regen. Herr Mocker bemerkte sogar, es sei fast noch lauter als auf dem Grundstück von Herrn Schriemeiers Schwester Hilde, womit Herr Mocker die vorherrschende Blasmusik meinte und auf den Kassettenrecorder von Herrn Schriemeiers unverheirateter Schwester Hilde anspielte, weil sie das mittelalterliche Ding immer so laut auf ihrem Grundstück spielen läßt, wenn Besuch da ist.

Obwohl Schriemeiers Hilde diese Anspielung mitbekam, kriegte sie es nicht in die falsche Kehle. So etwas kannte sie von Herrn Mocker. Der war wie ihr Bruder, der Günther! Zum Geburtstag von Mockers Jüngstem beispielsweise, dem Detlef, hatte Herr Mocker einen Feinblechner aus seiner Abteilung eingeladen, Strietzel mit Namen, der ihr dauernd am Knie rumzufummeln versuchte. Obwohl der Kerl Raffzähne hatte! Als sie daraufhin sagte, daß sich gewisse Leute mit Raffzähnen falschen Hoffnungen hingäben, verstand das Herr Mocker, der gerade großspurig verkündet hatte, er wolle zwanzig Pfund abnehmen, leider so, als hätte er Raffzähne. Darum bemerkte er ziemlich erbost, wenn er welche hätte, dann hätte Schriemeiers Hilde erst recht welche. Nachdem Schriemeiers Hilde laut gelacht hatte, weil doch der Feinblechner gemeint war, erwiderte sie, sie sei auch ohne Raffzähne schön genug, trotzdem müsse man ihr nicht dauernd am Knie rumtatschen, wie Herr Mocker denn die Feinblechner in seiner Abteilung erziehe? Bedauerlicherweise kam im selben Augenblick Frau Mocker dazu und dachte, Herr Mocker tatsche Schriemeiers Hilde am Knie rum. Das hatte zwar eine gewisse Lautstärke zur Folge, aber man redete miteinander.

Und nun war man sogar zusammen auf dem Thüringer Volksfest, wo sich Mockers Detlef wegen des ihm ein wenig zu oft von Herrn Schriemeier vorgesetzten Bieres schon zum zweiten Mal hinter dem Zelt der Thüringer Achterbahn übergeben mußte. Mit fünfzehn!

Als Frau Mocker sagte, daß es vermutlich von den Pappbechern komme, lachte Frau Schriemeier unhöflich und fragte Frau Mocker, warum sie so lisple, es klinge wie eine Warze auf der Zunge! »Du haßt vielleicht eine Warße auf der Szunge!« erwiderte Frau Mocker, denn die Warze auf der Zunge war ihre neue Zahnprothese, eine Vollprothese leider. Seit drei Tagen! Das wußte aber nur ihr Mann, der Herr Mocker, dem Herr Schriemeier, der mit einer erschreckenden Menge von Pappbechern mit Bier anrückte, soeben über die Köpfe der Leute hinweg zurief, von weitem sehe er aus wie ein vietnamesisches Hängebauchschwein, worauf Herr Mocker den Bauch einzog und etwas grob erwiderte: »Dir trampeln noch mal die Enten tot, so dusslig biste, du unanständiger Mensch!«

Aber sie redeten miteinander, tauschten sich aus, blieben Menschen, obwohl es Seidenfäden regnete. Das konnte aber Mockers und Schriemeiers, die aus sämtlichen Löchern dampften, nicht entmutigen. Freier Samstag war eben nur einmal in der Woche! Und ein siebenunddreißigster Geburtstag nur einmal in einem Menschenleben! »Szollß nießeln,

Jüntha wird nur heute ßiebenunddreißig!« sagte Frau Mocker, und eifrig tranken sie an den pfützenbedeckten Holztischen das gute Bier aus den schwarzen Wäldern, wo das Glas wuchs und die Wildsau schnaufte, und zur Begleitung bliesen grünröckige Förster mit Tirolerhüten und Posaunenengelwangen jägerische Weisen auf ihren Waldhörnern, manchmal sogar mit Echo. »Det is Berlin, Dagmar!« sagte Herr Schriemeier beeindruckt zu Frau Mocker, die mit nachdenklichem Nicken jener Zeit gedachte, als sie noch lauter echte Zähne im Mund hatte. Dazu drängten sich mit geweiteten Nasenlöchern die Mitbürger durchs Gewühl der Mitbürger und hielten nach Thüringer Spezialitäten Ausschau, »denn der Berliner ist ein verwöhnter Mensch, ein Großstädter eben«, wie Herr Schriemeier sagte, »er hat immer Appetit!«

Nach Rostbratwurst roch's und nach frischem Holz und nach Döner Kebab, und weil sich Mockers Detlef hineingesetzt hatte, roch's auch nach altem Mostrich. Erfreut stellte Herr Mocker fest, seinetwegen könne in Berlin jeden Tag Thüringer Volksfest sein, da entfalte sich nicht nur seine Seele, sondern auch Berlin. Hierauf stieß er einen Jodler aus und rief: »Hoch Rennsteig, heute bin ick siebenunddreißig geworden!«, worauf Herr Schriemeier bemerkte, daß Herr Mocker schon achtunddreißig geworden sein könnte, wenn Mockers Detlef sich nicht dauernd hinter der Thüringer Achterbahn übergeben müßte, ganz säuerlich röche es schon auf dem Thüringer Volksfest. »Du riechst vielleicht säuerlich!« erwiderte Herr Mocker, und Herr Schriemeier rief: »Versalz mir nicht die Bratkartoffeln, du dicker Pinsel, sonst biste eine Knallrübe, wa!«

Dann kam Schriemeiers Hilde mit einer langen Thüringer Holzleiter an, die sie gewonnen hatte, und erklärte allen, daß sie das fast noch schöner finde, als wenn ihr Herr Mocker ein Brathähnchen spendiert hätte, worauf sie Mockers Detlef, der plötzlich ebenfalls eine Thüringer Holzleiter wollte und nie mehr Thüringer Bier, mit der geknurrten Verlautbarung »Da hast'ne Thüringer Holzleiter!« versehentlich so einen Leiterknuff versetzte, daß sich dieser wieder hinter die Thüringer Achterbahn begeben mußte und keine Thüringer Holzleiter mehr wollte. In diesem Moment begann es heftiger zu tröpfeln, und Herr Schriemeier sagte, daß man nun endlich mal einen Eindruck von Thüringen bekäme, sein Bruder Karl sei dort im Urlaub gewesen, da habe es auch immer getröpfelt, aber Holzleitern hätten sie bei seinem Bruder keine verlost, und die vorliegenden Tische seien die reinsten Tanzböden, solche Bretter habe er überhaupt noch nie gesehen, er beneide jeden Tischlerkollegen darum!

Hierauf küßte Herr Schriemeier einen der Tische und rief begeistert, es gebe sogar Tischler, die Tischler hießen! »Aber Schwimmfahrzeugschlosser, die Schwimmfahrzeugschlosser heißen, gibt's nicht, du Schnapsnase!« warf Herr Mocker verschmitzt ein.

»Aber olle Ochsen, die Mocker heißen, gibt's!« erwiderte Herr Schriemeier, und so redeten sie herzlich miteinander, und nicht einmal, als Schriemeiers Hilde behauptete, Herr Mocker habe ihr an die Brust gefaßt, gab's Krach. Herr Mocker rief nur höhnisch »Brust?«, worauf Schriemeiers Hilde einen Krug aus echtem Bürgelsteingut auf Herrn Mockers Hand zerschlug, was dieser jedoch sofort wieder wettmachte, indem er mehrere Pappbecher voll Bier über Schriemeiers Hilde ausgoß, die darum den Rest des Tages appetitlich nach Bier roch.

Dabei redete man natürlich miteinander. Sogar heftig! Sie hörten auch nicht damit auf, als Frau Mocker infolge des ungewohnten Biergenusses plötzlich zu befürchten begann, ihre neue Prothese würde ihr beim Mundaufmachen aus dem Mund fallen und von den Menschenmassen zertreten werden!

Obwohl Frau Mocker von diesem Moment an kein Wort mehr redete, redeten die anderen weiter miteinander, tauschten sich aus über das Verhalten von Frau Mocker, die, mit den Armen rudernd, erklärende Worte röchelte, welche wie Erstickungsanfälle klangen, denn ihren Mund machte Frau Mocker auf dem Thüringer Volksfest nicht wieder auf, auch nicht für zehn Holzleitern! »Meine neuen Szähne ßind mir ßu schade ßum Szertretenwerden!« lispelte sie hinter der vorgehaltenen Hand, und Herr Schriemeier rief begeistert, ohne Frau Mockers schrille Stimme sei's wie im Thüringer Wald auf dem Thüringer Volksfest. Zur Strafe mußte er aber dann die lange Holzleiter den langen Weg bis in die Knaackstraße tragen, bei strömendem Regen, gefolgt von Herrn und Frau Mocker, Frau Schriemeier, Schriemeiers Hilde und Mockers blassem Detlef, wobei sie sich erst gegenseitig beschimpften, später aber gemeinsam Thüringer Volkslieder sangen, wie zum Beispiel: »Marina, Marina, Marina …«

Daraus ersieht man, daß diese vielleicht noch mit einigen Fehlern behafteten Hauptstädter keinen Krach auf dem Thüringer Volksfest miteinander hatten, sondern miteinander redeten. Und sie reden noch heute miteinander, das ist mittlerweile bewiesen, denn am Sonntag hat man sie schon wieder gesichtet, und zwar auf dem Blumenfest in Weißensee, wo sie, etwas duhn zwar, aber mit Grübchen, nach Bauchrednern, tropischen Wohnzimmerpflanzen und Spezialitäten anderer Art Ausschau hielten und mit Zwergpalmen drohten und miteinander redeten.

Der Abend, an dem ich Franz Kafka begriff

Karl May aus Radebeul erschuf Old Shatterhand, Christian Morgenstern das Nasobem und Sir Arthur Conan Doyle den Hund von Baskerville. Wie Gott kann der Schreibende sein – oder wie der Teufel! Schnackelbeine und Segelohren kann er erschaffen, der Butterblume Kränze winden und dem Salatfreund grüne Gurken aus dem Kopf wachsen lassen. Der eine tut's, weil ihn Machiavelli interessiert oder die Seekuh, der andere, weil die Flamme des Genies in ihm lodert, weil er eine alte Schreibmaschine geerbt hat, ein Talent von seiner Mutter, einen Ehrgeiz in seiner Brust, und einem dritten macht das Leben so zu schaffen, daß er schwarze Labyrinthe vor sich sieht und schreibend nach Licht zu schnappen beginnt. Wie Franz Kafka! Ich habe ihn leider nie begriffen, den verehrten Franz, das Genie. Weil ich naiv bin, ein Mensch, der lieber dem Ruf der Schopfwachtel lauscht und dazu harte Eier mit Schnittlauch ißt. Ich hoffe, Franz Kafka verzeiht mir das, denn er versteht's.

Außerdem gibt's ja den Abend, an dem ich ihn begriff! Aber das Ende fängt immer am Anfang an und der Abend am Morgen. Der Abend, an dem ich Franz Kafka begriff, begann eigentlich mit der Morgenzeitung – oder besser ohne Morgenzeitung! – und endete mit Dr. Ziepe beziehungsweise mit meiner Frau. Es war kurz vor Ostern, wo ich gern mal drei, vier harte Eier verputze, am liebsten, wie gesagt, mit Schnittlauch. Dann erwacht der Frühlingsjubel in meiner Brust. Darum sprang ich nach dem Frühstück wie ein Kind zum Briefkasten nach der Morgenzeitung.

Weil aber keine Morgenzeitung im Kasten war (und dies zum wiederholten Mal!), war mein Eierjubel im Eimer. Ich begann die Welt zu verfluchen und beschloß einen beißenden Artikel über die Welt zu verfassen. Gut, daß es die Welt gab!

»Gleich setze ich mich hin und schreibe was Beißendes über die Welt!« erklärte ich etwas später meiner Frau. Obwohl sie den Kopf voller Lockenwickler hatte und ziemlich komisch damit aussah, forderte sie mich würdevoll auf, erst einmal das Regal im Kämmerchen aufzuräumen, das sei sinnvoller, sie müsse zur Arbeit! Und ich möge am Abend die Fete bei Niebergs nicht vergessen, obwohl überhaupt keine Zeiten für Feten wären, rief sie, weil ich, um nicht noch mehr unliebsame Aufforderungen von ihr zu bekommen, sofort aus dem Zimmer stürzte. Für mein bißchen Schreiben sei später noch Zeit, rief sie mir nach, es sei ja doch nur zum Lachen, und Morgenzeitung gäb's auch keine davon, und warum ich nicht endlich mal so was wie Patricia Highsmith oder wenigstens ein Kochbuch schriebe!

Als ich das Regal im Kämmerchen auszuräumen begann, kochte ich wegen dieser lieblosen Bemerkungen schon am ganzen Leibe; und daß sich in diesem Regal Hunderte von sinnlosen Farbdosen – vielleicht sogar Tausende – befanden, die alle die Eigenschaft hatten, bei der geringsten Berührung aus den Fächern zu stürzen, das hatte ich erwartet in einer Wohnung, in der es keine Ehrfurcht vor der Arbeit des Ehemanns gab, aber zwölf Uhren, die alle falsch gingen! Darum war ich auch nicht erstaunt, als man mich kurz darauf aus dem Theater anrief, weil Spielplanänderung war. Gelassen ließ ich etwa zweitausend verstreute Farbdosen liegen und machte mich auf den Weg zur Nachmittagsvorstellung.

Noch während des ersten Bildes, als ich auf meinen Auftritt als Landsknecht – ich spiele meist Landsknechte! – wartete, rief ein Kollege ins Konversationszimmer hinein: »Da hat einer in der ersten Reihe die Beine auf die Bühne hochgelegt!«

Natürlich überraschte mich auch das kein bißchen! Ich wunderte mich nur, daß es nichts Schlimmeres war. Beispielsweise hätte sich der Betreffende ja auch komplett auf die Bühne legen können, nicht nur teilweise. Oder was wäre gewesen, wenn er ein Pferd in den Zuschauerraum getrieben hätte?

Als ich im vierten Bild auftrat, wo die Kriegstrommel dröhnte und der hektische Requisiteur – vermutlich hatte er ebenfalls keine Morgenzeitung bekommen – mich mit dem Nebelapparat aus der Gasse heraus so stark einnebelte, daß ich für die Zuschauer unsichtbar wurde, lagen die besagten Beine immer noch auf dem Vorderbühnenrand. Ihr Besitzer saß in der Mitte der ersten Reihe, ein fleischiger Melancholiker mit munteren Ohren. Die Schuhe hatte er ausgezogen, hatte es sich bequem gemacht, lag halb im Sitz, die Strampel ins grünsamtene Rampenpolster gepflanzt, ein Tragödiengenießer! Weiße Hosen trug er, weiße Socken, einen weißen Rollkragenpullover, und es war ein Dr. Ziepe, Chirurg. Ich wußte nur noch nicht, daß er es war! Nach jedem Auftritt kamen Kollegen ins Konversationszimmer und berichteten von diesem Menschen. Es war genauso aufregend wie ein Pferd im Zuschauerraum!

Als ich drei Stunden später, gegen achtzehn Uhr, im zwölften Bild, wo ich ebenfalls einen Landsknecht spiele, wieder nach unten sah, lagen Dr. Ziepes Beine immer noch auf der Rampe. Das beeindruckte mich! Erstens, weil ich im Theater immer diese Ehrfurcht hatte und auf der Hinterbühne die Mütze abnahm, zweitens, weil ich immer noch zornig war wegen meiner Frau und der Morgenzeitung und Patricia Highsmith und der zehntausend Farbdosen in unserem Kämmerchen. Meine Kollegen mokierten sich leider über Dr. Ziepe. Ich glaube, wenn er beim Lesen meiner Bücher so dagelegen hätte, hätten sie sich nicht mokiert. Noch beim Abschminken dachte ich daran und wurde lustlos.

Lustlos traf ich in Niebergs dampfender Wohnung ein. Es war wie kurz vor einem Vulkanausbruch im Krater. »Huhu!« rief meine Frau durch die Schwaden, und Frau Nieberg stieß mich einem fleischigen Typ in die Arme, einem Kerl in Weiß, der soeben aus dem Theater gekommen sei, diesem Dr. Ziepe eben, einem Chirurgen mit feuchten Augen, ich war sehr überrascht. »Er schreibt!« sagte Frau Nieberg zu Dr. Ziepe und meinte mich. Der Doktor musterte mich gleichgültig. »Ich hole meine Frau ab!« sagte er.

»Ich auch!« erwiderte ich, was er mit einem mürrischen Krächzen quittierte. Wahrscheinlich wollte nur er eine Frau haben, die man abholen mußte! »Morgenzeitung gab's auch keine heute!« sagte ich.

»Es gibt auch schlimmere Dinge als keine Morgenzeitung!« knurrte der Kerl.

Ja, hochgelegte Beine in der ersten Reihe! dachte ich, denn das wußte ich auch, daß es schlimmere Dinge als keine Morgenzeitung gab! Ein Mediziner mußte mich da belehren! Dieser Mensch hatte nicht einmal »Ah!« gesagt, als ihn Frau Nieberg auf meine Schreiberei hinwies! Er sah mich nur leer an, freudlos fast, dachte vielleicht an irgendwelche Leistenbrüche oder Gallenblasen. Wo ich schon fünfzehn Bücher verfaßt hatte, weit über zweitausendfünfhundert bedruckte Seiten! So viele Wurmfortsätze konnte er nicht aufweisen. Das waren vielleicht fünfhunderttausend Wörter, wenn nicht noch mehr, kurze und lange, über zweieinhalb Millionen Buchstaben! Als Russisch Brot sicherlich mehrere Container voll. Vielleicht sogar Schlachtschiffe!

»Trotzdem gab's keine Morgenzeitung heute!« sagte ich, und an die undankbare Tätigkeit des Schreibenden dachte ich. Ich dachte auch an die sinnlosen Farbdosen zu Hause und wie im Leben alles so zusammenhängt, da rief mir eine gewisse Sylvia Heinze, die auch immer dabei war, schelmisch zu: »Na, immer noch beim Theaterfußvolk, der Herr?«

Dr. Ziepe sah mich erst forschend, dann ganz perplex an. Als sei ich plötzlich ein Kalb mit drei Köpfen geworden! »Sie sind beim Theater?« stammelte er. »Ja, Schauspieler, ich spiele meist Landsknechte!« antwortete ich widerstrebend. »Vor allem aber schrei...«

»Schauspieler?« rief der Doktor und holte uns zwei volle Gläser.

Gleich wird er die Beine hochlegen! dachte ich und setzte beschwörend hinzu: »Ich spiele nur kleine Rollen, speziell Landsknechte, vor allem schrei...«

»Aber das ist doch völlig unwichtig!« rief der Doktor. »Klein oder groß, Hauptsache überhaupt, haha! Wollen Sie was verschrieben haben, ich habe den Rezeptblock dabei?«

Erregt wehrte ich ab und rief: »Vor allem schrei...«

»Sagen Sie, dieser Schauspieler Patuffke, ist der wirklich ein unehelicher Sohn von Henny Portens Stiefbruder?« zischte der Doktor. Und ob ich mich mit dem Bühnenbildner Drüse auskenne? Und warum die jungen Schauspieler so oft die Familiennamen von bekannten älteren Schauspielern trügen? Und aus welchen Gründen Jean Gabin ein Knicker gewesen sei? Stundenlang quetschte mich der Kerl aus, schlug mir auf die Schulter, umarmte mich – meine Frau guckte schon ganz komisch! Und wie es komme, daß der Urenkel von Albert Bassermann Nichtschwimmer sei, und inwiefern Max Reinhardt chinesische Nachtigallen geliebt und ob die Duse wirklich heimlich gestottert habe?

Als spät am Abend Niebergs Haustür hinter meiner Frau und mir zuschnappte, warf ich einen Blick zurück. Wie ein befreiter Adler stieg er in die Frühlingsnacht empor. Weit oben, wo die Dächer im Mondlicht troffen, schob Dr. Ziepe soeben den dicken Kopf aus Niebergs winzigem Toilettenfenster und schrie verzweifelt herunter, warum der Intendant Wallbein im Krankenhaus liege und ob Kainz gern Bockwurst gegessen habe?

Wütend schmetterte ich einen Donnerkeil, den ich seit Jahrzehnten als Talisman bei mir trage, aufs Pflaster. »Wieviel Gedichte ich schon geschrieben habe«, schrie ich, den Donnerkeil suchend, »hat mich noch nie einer gefragt, ihr Hunde!«

»Warum sagst du das jetzt, Schnucki?« wunderte sich meine Frau. »Weil dir nicht bekannt zu sein scheint, du Kalb«, antwortete ich, den wertvollen Donnerkeil suchend, »daß mehrere Schlachtschiffe voller Russisch-Brot-Buchstaben existieren, die zusammengesetzt einen ulkigen Sinn ergeben und von mir geschrie...«

»Ich weiß!« unterbrach mich meine Frau. »Aber stimmt es wirklich, daß der Intendant Wallbein im Krankenhaus liegt?«

Da verschwand der Mond hinter einer Wolke, und ich begriff plötzlich Franz Kafka. Genau in diesem Moment wurde mir klar, warum du so entsetzlich traurige Sachen geschrieben hast, Franz! Glücklicherweise verliert sich das aber nun wieder, denn Dr. Ziepe hat schon mehrmals telefonisch bei mir angefragt, was es Neues im Theater gibt, und im Theater gibt's immer was Neues, wenn's dann auch meist wieder das Alte ist. Außerdem findet es der Doktor endlich faszinierend, daß ich schreibe. »Typisch Schauspieler!« sagt er und will sich kaputtlachen. Sollte ich wieder mal einen eingeklemmten Bruch haben, operiere nur er mich! So kann man im Rahmen der Alphabetisierung trotz einiger Demütigungen auch einen Anhänger der Tragödie an den geschriebenen Humor heranführen, wenn's auch manchmal einen mächtigen Eiertanz kostet.

Hinaus, hinaus in die Natur!

Uff, wir sin off der Autobahn! Nu fahr zu. Nu kannste de Mühle ausfahrn, Lilli. Und hör off zu heuln, sonst wird der Treibstoff sauer. Loof nich dauernd aus, du! Nu laß ich dich schon jedn zweetn Sonnabnd fahrn, dann mußte aber ooch mal 'n Ratschlag annehm'. Mußt nich wie ne blöde Gans rumplärrn vor mein' Augn, aus dem Alter biste raus, Lilli! Meine Augn wolln sich erholn, heut is Sonnabnd. Paß off, du mußt den viertn einlegn! Und zockle nich so, wir sin keene Dampfwalze!

Mein Gott, was trant denn diese Flasche mit seim vergammltn Raddampfer vor uns rum? So was von lahmarschig! Der gehört offn Naturlehrpfad mit seiner Rostlaube, nich off de Autobahn. Komm aus den Hüftn, Lilli, dreh off, dreh off! Und guck nich so klamm, de Sonne scheint. Paß off, rechts mußte blinkn, rechts, Abfahrt Wandlitz! Mein Gott, eh's bei dir klingelt! Ach so, du blinkst rechts. Na, siehste, das beherrschste schon! Paß off, wieder rechts blinkn! Und nich so muffig. Nu langsam. Und nu los! Links kommt keener, nu los! Fahr zu, ich hab geguckt! Warum fährste nich? Fahr zu, Mensch! Oder nee? Hoppla, da kommt doch eener! Fahr nich, Lilli!

Ja, das Offpassn is de Hauptsache vom Autofahrn, da staunt der Laie. Da muß man ausgebufft sein, meine Liebe, gewieft. Und jetzt sin wir off der hundertneun. Na, nu los doch, überhol den blödn Radfahrer! Wie man in diesem Mief radfahrn kann? Warum überholste nich? Das is kein Tieflader, Lilli. Ach so, uns überholt eener. Was hab ich gesagt?

Offpassen mußte! Was sagt denn Natascha zu ihrm neu'n Pulli? Wie, was? Was bedeutet das Nickn? Mensch, nu kannse nich ma redn am Lenkrad. Hat dir jemand die Zähne zusammengeleimt, du? Paß off, Gegnverkehr! Nich überholn. Der Pulli is also gut, wa? Himmel, wie ne Magenkranke nickste! Und so fährste ooch. Was gehste so hartleibig in de Kurve? Die beißt nich, die Kurve. Paß off, Schleudergefahr! Ein abgeschmackter Fetzn, dieser Pulli. Aber ihr Frau'n macht ja jedn Spleen mit. Wie de Affn. Und deiner geliebten Natascha mit ihren neugierigen Brüstn steht sowieso alles. Weil ihr nischt steht, darum. Obendrein machtse immer so süffisante Anspielungn, wenn ich meine Gurtpantoffl anhab, die arrogante Schneppe. Internationale Lebewelt, wa? Gierige Nasenlöcher hat se ooch. Denkt, weil se deine Freundin is, kann se mich anpflaumn. Das interessiert keen Aas. Paß off, Schlaglöcher! Außerdem is es mir schleierhaft, wie wer Natascha heeßn kann, wenn er aus der Ackerstraße stammt und wie ne Zwiebl aussieht! Paß off, paß off, paß off! Nee, doch nich! Mein Gott, was zockelste so? Warum hat man ein Auto, wenn du's wie'n Kremser fährst? Heute ist nich Pfingsten, Lilli! Warum fahrn wir nich gleich mit'm Kremser? Keen Wunder, wenn ich dich nich fahrn laß, wenn de so fährst!

Sieh ma, das kleene Haus mit den Blumnfenstern! Und was guckt raus? Die gute Frau Holle, wa? Ja, schön wärs. Ein Dickwanst guckt raus. Direkt off de hundertneun guckt der alte Sack und nich off sein schönes Häuschen wie ich. Das is nu das idyllische Landlebn! Im Vorbeifahrn denkt man immer, hinter so'm Fenster, wo de Appelbäume stehn, wohnt das Glück. Weil man sich selber drin sieht, Lilli. Das is de nostalgische Sehnsucht in unserer Menschenbrust. Man fährt dauernd an sich selber vorbei, Lilli. Trotzdem möcht ich nich mit dem Dickn tauschn. Soll der off de hundertneun stiern, bis er schwarz wird. Paß off, verdammt noch ma! Dämliche Baustelle! Es gibt mehr Baustelln als Straßn.

Mein Gott, biste ne lahme Ente! Gleich überholt uns de Baustelle von eben. Paß off, hinter uns kommt eener! Ein saumäßiges Pflaster ist das hier, hoppla, alles noch alte DDR-Bestände! Nich zu rasant, Lilli, man haut sich ja den Koppoppopp ein! Paß off, ein Huhn! Gakgakgak! Wie's ausreißt! Ulkig, wawawa? Warum reißen Hühner immer aus? Jedenfalls gibts noch welche. Hühner gibts noch. Was die Pfeifn bloß immer mit ihrer Umwelt habn? Die Umwelt is da und gakelt!

Inwiefern schalteste jetzt so hitzig? Da horcht man ja auf! Paß off, schon wieder ne Henne! Paß off, verdammt noch ma! Blöde Viecher. So was von rammdösig. Gakgakgak! Den falln ooch keene neu'n Töne ein. Solln ja ooch schneeblind werdn, die Tiere, Gackern könnse aber. Wenn ich so gackern könnte, würd' ich bei André Heller offtretn. Diese Dörfer sin ooch immer das gleiche. Paar Hühner, de Kirche, das Kriegerdenkmal, de Kneipe, das Spritzenhaus, alles an der Straße. De Nostalgie wiederholt sich, Lilli. Und de Kurvn! Wie de Idiotn habn se früher de Dörfer angelegt. Direkt an der hundertneun! Paß off, paß off! Mein Gott, ruckelt das!

Ich weeß nich, da is nu so'n lieblicher Herbsttag, aber du machst ein Gesicht wie'n eingelegter Hering. Die Leute müssn ja denkn, du arbeitest bei Pastor Gauck. Paß off, Lilli!

Jetzt haste fast den Pferdewagn gerammt, na, so was! Oder der dich? Warum gibts überhaupt noch Pferdewagn? Reichn de PKW's nich offm Lande? Paß off, nich so weit rechts! Vorsicht, paß off! Jetzt warste zu weit links! Das hat ja richtig gedröhnt, als der Pfeifnsack mit sei'm Opel vorbeirauschte. Dieser Knaller mit sei'm Scheißopel! Ein mieser Hund, typisch Westn. Und schon wieder 'n Dorf. Und schon wieder 'n Spritznhaus. Meine Güte, muß das hier früher viel gebrannt habn! Fünfzig kannste ruhig fahrn, Lilli. Mußt nich vor Entzückn stehnbleibn. Von Spritznhäusern hab ich genug. Wir sin nich de Feuerwehr. Was is das? Der Motor japst ja so gequält! So ölig klingt das. Den drittn mußte einlegn, den drittn,

Mensch! Leg den drittn ein, verflucht noch mal! Du fährst wie ein eierfressendes Huhn, Lilli. Was de hier gut machst, versauste dort. Und guck nich so sauer. Man kriegt ja 'n spitzn Mund dabei.

Schön, ich gebs zu, du hattest den drittn drin, hiermit geb ichs zu. Oder soll ich vor dir off de Knie falln in dem engn Auto? Ich gebs zu, verflucht noch ma! Diese elende Muckserei von euch Weibern sollte verbotn werdn. Dauernd wollt ihr de Klassnerstn sein. Nischt macht man euch recht. Läßt man euch nich fahrn, sitzt ihr nebn ei'm und mault. Läßt man euch fahrn, sitzt ihr ooch nebn ei'm und mault. Nimm dir'n Beispiel an dem kleen Jungn von Piwalkes. Der lacht sogar, wenn er weent. Obacht, Bahnübergang!

O Gott, ein toter Igl! Armes Vieh das. Was hat er aber ooch off der hundertneun zu suchn? Warum hält er nich sein Winterschlaf, wo schon Oktober is? Ich würde jauchzn, wenn ich jetzt mein Winterschlaf haltn könnte. Mich würde keener überfahrn. Das Maisfeld von dort drübn is ooch weg. So vergeht das Lebn. Vier Wochn vorher is man noch da, und plötzlich is man weg. Wie'n Maisfeld! Der Mensch is ein Maisfeld, Lilli! Dafür rackert man sich nu ab. Und macht sich zum Emil. Eine Schande!

Guck ma, ein Schwein dort drübn! Na, so was! Da denkt man nu, das gibts bloß kiloweise beim Fleischer, aber hier läufts zusammengesetzt rum und grunzt. Das is nervnstärkend, Lilli, haha! Warum muß man bei Schwein' immer lachn? Guck, wie's schnufflt! Mein Gott, du kannst doch jetzt nich guckn, biste wahnsinnig! Was interessiert mich so ein blöder Mistbatzn von Schwein, wenn wir dann Bruch baun mit der Karre, mein Gott noch ma, wo der Wagen doch gerade in der Werkstatt gewesn is! Vorhin fast das Huhn, was ich hätte bezahln müssn, und nu das sinnlose Schwein! Weils schnufflt, das muß man sich ma vorstelln! Das wird sowieso geschlachtet. Ich hab genug Sorgn für mich selber.

Fahr zu, Lilli, fahr zu! Noch fünf Minutn, dann sin wir im Wald. »Im grünen Wald, dort, wo die Drossl singt, julijö!« Paß off, nich zu rechts! Aber nee doch, nich zu links, meine ich selbstverständlich! Au Backe, verflucht noch ma, verflucht noch eins, das wär ja fast ins Ooge gegangn, fast ins Ooge. Da bricht eim ja der eiskalte Schweiß aus sämtlichen Löchern. Warum biste bloß so mitn Nervn runter? Aber wolln willste alles, wa? Weil ihr gierig seid, ihr Fraun, unersättlich. Lebenssüchtig seid ihr, jawoll! Man sieht ja nur noch Fraun in den Fahrschulautos. Und dann fahrn se wie de blödn Schneckn. Gleich gähnt de Karre, gleich reißt se das Maul auf! So sin wir im November im Wald!

Ach, du meine Fresse, November is ooch schon bald. Schon wieder muß man an de Weihnachtsgeschenke denkn. Vor Jesusens Geburt habn das die Leute nich müssn. Nich mal Ostern hattn die und Pfingstn. Die hattens gut! Na ja, ooch ein lahmes Lebn ohne Feiertage. Was habn die gefeiert, die armn Hunde, wenn die gefeiert habn? Die hattn ja gerade mal so Geburtstag. Wir habn sogar das lange Wochnende. Paß off, stopp! Nee, nich stopp, der biegt rechts ab, kann ich was dafür, wenn der rechts abbiegt? Fahr zu, sonst bin ichs wieder. Genieß de Fahrt. Ich kann mich ooch ma irrn. Sogar weltberühmte Leute habn sich schon geirrt, sogar unser Bundeskanzler!

Da läßt man dich nu dauernd fahrn, weil man für die Gleichberechtigung is, aber dauernd guckste wund. Guck nich so, du! Paar Milliardn Fraun gibt's, und alle mauln rum. Darum bin ich manchmal ganz traurig. Aber ich bin gern mal traurig, meine Liebe, da kannste Gift drauf nehm, Gott sei Dank, das bin ich. Ich freu mich sogar darüber, Lilli. Ich freu mich über meine Traurigkeit, jawoll! Paß off, du mußt rechts blinkn, wir sin da! Nu könn wir am goldnen Bürzel des Herbstes schnuppern: »Waldeslust, Waldeslust!« Tunk den Riecher rein, Lilli, und lach ma! Verflucht noch ma, paß doch off, ich beiß mir ja, ich beiß mir ja, ich beiß mir ja off de Zu-Zu-Zunge! Muß denn das so holpern, wenns holpert? Und was wolln die fremdn Menschn da im Wald? Eine Frechheit, wo wir hier sin, ooch hier zu sein!

Uff, nu stehn wir! Nu steht de Mühle. Nu schweigtse. Herrgott, is das stille hier. Warum is das so stille hier? Aber das eene sag ich dir: Zurück fahr ich! Und wenn de wie'n ganzes Fraunhaus rummaulst: Zurück fahr ich! Sonst geh ich bei deiner Fahrweise und dieser mir unbegreiflichen Muffigkeit noch mal nervlich völlig baden. Und das soll ja wohl nich der Sinn des frei'n Wochnendes sein, oder? Na, steign wir ma aus! Vertretn wir uns de Füße. Na, los, du Transuse! Paß off, Lilli, paß off! So, jetzt hatse sich ooch noch den Deets eigerannt am Türrahmn! Mein Gott, was is bloß mit der Frau los?

Rechtsrum, linksrum

Detlef Wahses Frau, die Ute, hatte wegen alter Puppenstubensachen inseriert, und jemand aus Eichwalde hatte ihr welche angeboten. Wie Detlef Wahse auf dem Stadtplan sah, lag Eichwalde in der Nähe von Schmöckwitz und hatte Straßen, die so klein waren, daß man Mühe gehabt hatte, ihre Namen in sie hineinzudrucken.

Das behagte ihm. Er war in einer kleinen Stadt aufgewachsen, er hatte eine kleine Mutter und kleine Füße – kleine Straßen waren ihm angenehm, es waren gutmütige Straßen, wo man sogar Hühnern begegnete. Das sagte er auch zu seiner Frau, als sie losfuhren. Bedauerlicherweise erwiderte sie nur: »Ich will keinen Hühnern begegnen, sondern alten Puppenstubensachen!«

»Eine Gefühlskälte wie eine Natter legt sie manchmal an den Tag!« dachte Detlef Wahse gekränkt. Wo er sich als ihr Beifahrer sowieso immer wurmartig vorkam. Warum fiel er bloß immer durch die Fahrprüfung? Letztens hatte sie sogar ihrer Kollegin, der dicken Karwitzke, als er dabeisaß, erzählt, sein armer Bruder trage im Garten ein T-Shirt mit der Aufschrift: »Zwischen Leber und Milz ist noch Platz für ein Pils!« Wo Hellmuth nur samstags Bier trank! Warum mißgönnte sie einem ihr nahestehenden Menschen das bißchen Bier? Warum verunglimpfte sie die Freizeitmode des eigenen Schwagers, eines Blutsverwandten fast? Und das vor einem Weib wie dieser Karwitzke, deren Sohn selber einen wellensittichgelben, beinahe schreienden Pulli mit der Aufschrift »University of California« trug. Auf englisch natürlich! Ein

Junge, der nur Dreien in der Schule schrieb: »University of California«!

Darüber hätte er sich auch mokieren können. Aber mokierte er sich? Nein, er mokierte sich nicht. Er mokierte sich nicht einmal darüber, daß seine Frau seit zwanzig Jahren im Winter Socken im Bett trug. Und eine selbstgestrickte Weste über dem Nachthemd. Weil Ute nur bei offenem Fenster schlafen konnte. Eine Wollmütze trug sie auch. Alles in der gleichen Strickart: Knotenknöpfchenmuster oder so. Bei stärkerem Frost trug sie sogar aus alten Beständen schlauchartige Konsumschlüpfer unter dem Nachthemd, manchmal zwei übereinander. Wie ihre Urgroßmutter früher. In dieser Aufmachung las sie mit eiskalten Händen erotische Sachen, die gar nicht zu den Konsumschlüpfern paßten: *Die Liebe in den Zeiten der Cholera* von Márquez, dem Nobelpreisträger, und anderes. Alles im Bett! Auch im Sommer, nur ohne Konsumschlüpfer dann. Und verglich ihn mit irgendwelchen alten Säcken aus dieser Weltliteratur. Wahrscheinlich hätte sie es am liebsten gehabt, wenn er der alte Mann und das Meer gewesen wäre! Manchmal jedenfalls war ihm seine Frau direkt unheimlich. Wie diese Popmusikkonzerte. Die verstand er auch nicht. Er tratschte nur nicht alles aus.

Beispielsweise tratschte er auch nicht aus, daß Utes Opa auf dem rechten Ohr stockstaub gewesen war. Wenn sie früher dort anklingelte, legte der Alte den Hörer stur an dieses rechte Ohr und sagte mit seiner gepflegten Stimme: »Hallo, hier Schmiesing, wer da?« Dann fragte Ute, weil sie schon ahnte, ziemlich laut: »Opa?« Aber es knackte nur in der Leitung. »Opa, hier ist Utilein!« rief Ute dann etwas nachdrücklicher. Weil natürlich wieder keiner antwortete, rief sie: »Opi, du hast das falsche Ohr am Hörer!« Dabei lachte sie schon hysterisch, denn ihr war klar, daß das ihr Opa nicht hören konnte, weil er das falsche Ohr am Hörer hatte. Trotzdem schrie sie, uneinsichtig, wie sie war: »Opa, du hast das falsche Ohr am Hörer, das falsche Ohr!« Und was tat Opa? Der erwiderte tadelnd: »Hallo, hier Schmiesing, ist da keiner, ihr ollen Musepampen?« Und legte verärgert den Hörer auf die Gabel. Und noch heute wußte kein Mensch, was er mit »ollen Musepampen« gemeint hatte! Aus so einer Familie stammte seine Frau. Trotzdem hatte er nicht einen Mucks von sich gegeben, als sie ihn gestern zu dieser Fahrt aufforderte. Sogar jetzt noch, unter erschwerten Bedingungen, freute er sich. Und lachte! Der größte Teil der Menschheit war sauer, aber er lachte!

»Warum lachst du so unnatürlich?« fragte ihn Ute plötzlich beim Einbiegen in die Köpenicker Landstraße. »Weil's jetzt erst mal bis zum Abbiegen nach Eichwalde immerzu geradeaus geht, meine Göttin!« erwiderte Detlef Wahse. »Ich denke, nach Schmöckwitz geht's rechtsrum, hast du heute morgen gesagt?« »Eigentlich geradeaus – oder nur ganz zart rechtsrum, Utelchen!« erwiderte er, denn er hatte am Morgen nur darum von rechtsrum nach Schmöckwitz zu ihr gesprochen, weil sie sich mit ihrer Rechtsrumantipathie an rechtsrum gewöhnen sollte und nicht immer herumnölen, fuhren sie doch sonst immer nur linksrum zur Autobahn nach Sachsen und nicht auf die Köpenicker Landstraße, um nach Schmöckwitz zu kommen, und für den, der sonst nur immer linksrum zur Autobahn fuhr, war die Köpenicker Landstraße nach Schmöckwitz natürlich rechtsrum, wenn man vom Adlergestell kam! Er traute sich nur nicht, das seiner Frau zu erklären, dabei wäre sie glatt an einen Baum gefahren.

Und recht hatte er damit, denn sie rief bereits mit klagender Stimme: »Zur Autobahn geht's aber doch geradeaus, Detlef, wie kann's dann auch geradeaus nach Schmöckwitz gehen, geht denn das, zweimal auf einmal?«

»Es gibt sogar siamesische Zwillinge, du Schaf, und außerdem geht's ja erst mal linksrum zur Autobahn!« antwortete er abweisend und begann zu grübeln. Warum bohrte sie ihn immer so an? Warum mußte er immer mit dieser zerrissenen Seele rumtorkeln? Wie eine besoffene Ente. Jetzt hielt er die Schnauze!

Kurz vor Schmöckwitz knurrte Detlef Wahse dann aber doch: »Jetzt müssen wir aber nun wirklich bald rechtsrum, um nach Eichwalde zu kommen, Ute!«

»Immer dieses idiotische Rechtsrum!« stöhnte sie sofort wieder los. »Das macht mich noch mal verrückt!«

Ich hab's kommen sehen! dachte er, denn als sie 1979 mit Viktor in Leipzig waren, geriet Viktor im Stadtzentrum bei der Suche nach dem Stadtzentrum mit seinem damals noch nicht völlig durchgerosteten Lada in eine Gegend mit Einbahnstraßen. Da ging's plötzlich nur noch rechtsrum! Leipzig wurde zusehends enger und irgendwie spiralartig. Sie kamen gar nicht mehr raus aus der Sache. Detlef Wahse las damals gerade viel Science-fiction und erwartete schon, daß sie auf diese Art von irgendwelchen bösartigen Außerirdischen in die vierte Dimension abgequirlt würden – zu den Marsmenschen oder so – und war, wie er sich erinnern konnte, trotzdem irgendwie ganz glücklich, endlich mal aus der DDR rauszukommen. »Gleich haben wir Saugnäpfe an den Köpfen!« bemerkte er darum, aber keiner lachte, weil sich alle gedemütigt vorkamen. Zudem saßen er und Ute hinten, wo man sich sowieso gedemütigt vorkommt. Nur Viktor am Lenkrad rief dauernd mit hochmütigem Gesicht: »Das darf doch nicht wahr sein!« Trotzdem war's wahr: Leipzig wurde immer kleiner! Zuletzt bestand es nur noch aus einer Kohlenhandlung, die sie umkreisten, rechtsrum natürlich, was Viktors Frau, die immer, wenn's bei Viktor nicht klappte oder wenn sie der Meinung war, daß es nicht klappte, »Ich hab's gewußt!« rief, dazu veranlaßte, fortwährend »Ich hab's gewußt!« zu rufen.

Seitdem lauerte dieses Rechtsrum wie ein bissiger Vogel in Ute, ein Trauma! Trotzdem mußten sie da durch, denn gleich kam die bewußte Straße nach Eichwalde, da ging's rechtsrum! Um seine Frau aber nicht schon wieder zu verstören, sagte Detlef Wahse diesmal ganz leise und zärtlich in ihr rechtes Ohr hinein: »Jetzt müssen wir aber bitte nun wirklich noch mal rechtsrum, Uti!« Bemerkenswerterweise fuhr sie trotzdem linksrum!

Also fängt's nun auch bei ihr mit Opas rechtem Ohr an! dachte Detlef Wahse überrascht und schrie: »Halt!«

»Warum schreist du so, ich bin nicht taub!« fuhr sie ihn an.

»Aber halten tust du nicht!« entgegnete er, weil sie immer erst dann hielt, wenn er schon wieder dachte, daß es vielleicht besser wäre, wenn sie nicht hielt. »Warum sind wir jetzt linksrum gefahren, du Nervenbündel?« fauchte sie ihn an, worauf er ihr apathisch erklärte, daß die Gegend auf dem Stadtplan durchschaubarer sei. »Dann hätten wir auf dem Stadtplan nach Eichwalde fahren müssen!« fauchte sie. »Auf dem Stadtplan gibt's keine alten Puppenstubensachen, und außerdem bist du falsch gefahren, nicht ich oder wir!« rief er sofort.

»Scheißpuppenstubensachen!« erwiderte sie nach kurzem Nachdenken, und das war die Höhe! Wo die Sonne schien! Welche Abgründe taten sich hier auf? Das grenzte an Sodom und Gomorrha! Weil sie nicht klarkam mit rechtsrum und linksrum, was? Weil sie das Exotische im Kopf hatte, diesen Márquez und so, wie? Sollte sie gefälligst mehr Sachbücher über Fahrtrichtungsänderungen lesen! Außerdem waren sie, nachdem sie verbissen gewendet hatte und mehrmals hintereinander rechtsrum, linksrum gefahren waren, plötzlich in Eichwalde. Die Straßen wurden immer kleiner und friedfertiger, und überall tauchten putzige Plätze mit Kreisverkehr auf. »Wie in meiner Kindheit, nur ohne Hühner!« dachte Detlef Wahse weinerlich.

Mit hochrotem Kopf preßte seine Frau etwas später ein Päckchen an ihre Brust. Zwei Stühle waren drin, groß wie Streichholzschachteln, eine lächerlich winzige Waschschüssel – wie für Zwergmäuse, eine häßliche Puppenstubenpuppe, ein Nachttopf für diese Puppe und eine Blumenvase, die unter den Fingernagel ging, sowie einige Gegenstände, die er ohne Brille wegen ihrer Winzigkeit nicht mehr erkannte.

»Warum du nicht etwas Größeres sammelst!« stöhnte Detlef Wahse, denn so klein hatte er es sich nun doch nicht vorgestellt. Das war ja beinahe schauderhaft, obwohl er das Kleine liebte! Wie viele Strapazen würden nötig sein, ehe aus diesen winzigen Gegenständen ein eindrucksvoller Haufen geworden war, den man den Leuten zeigen konnte!

»Ein Vermögen wird es kosten!« bemerkte er unterwegs aus bitterem Nachdenken heraus, und nach einer Pause fügte er mit fester Stimme hinzu: »Ein Vermögen, jetzt linksrum, Ute!« »Ich kenne den Weg, du Klageweib!« erwiderte sie. »Das hab ich heute gemerkt!« wieherte er höhnisch und unüberlegt los, aber die Zeit der Heiterkeit war noch nicht angebrochen, denn seine Frau trat sofort so heftig auf die Bremse, daß es sogar einem Idioten klargeworden wäre, daß sie mit diesem Tritt nicht die Bremse meinte, sondern ihn, Detlef Wahse, ihren eigenen Mann! So abgründig konnten sie sein, die weichhäutigen Frauen, die einem abends die Unterhosen durch die Waschmaschine jagten und sonntags Kohlrouladen vorsetzten! Aber das kam von der Weltliteratur! Weil die Herren Verfasser alles ausquasseln mußten. Und damit Unfrieden hineinsäten in die Frauen, die heutzutage sowieso schon die reinsten Männer waren, nur gefährlicher und unberechenbarer.

Wer weiß, was sich daraus noch entwickelt, dachte Detlef Wahse, seine Frau von der Seite ansehend. Wie sie guckt und fährt, die reinste Furie aus Tausendundeiner Nacht, wenn sie nur nicht so schöne Brüste hätte! dachte er und schüttelte den Kopf. Er durfte sich das alles gar nicht richtig klarmachen, sonst kam er sich sofort wie ein alter Waschlappen vor! Sonst bekam er sofort Lippen wie ein Essigsäufer! Wo er ein so guter Mensch war!

Ein schwerer Beruf!

Schwer ist der Beruf des Schauspielers, liebe Freunde! An einem Dienstag letzten Jahres in der Nikolauszeit beispielsweise schlägt der Schauspieler Schuchnitz, eine vom vielen Zeitungslesen etwas kaputte Persönlichkeit, in der blauen Morgenstunde die Augen auf und denkt an nichts Schlechtes. Er weiß, daß er keine Probe hat, reißt die Kinnbacken auseinander und gähnt so hemmungslos, daß er wie eine Wasserleitung, wenn der Klempner da war und das Wasser wieder angestellt hat, am ganzen Körper zu knacken beginnt und seine Frau sich verstört in den Kissen aufsetzt. So sehr freut es den Schauspieler Schuchnitz, daß er keine Probe hat, denn der Schauspielerberuf ist ein schwerer Beruf, eine schweißtreibende Kunst, bestürzend wie ein Flug zum Mars oder eine mehrmalige Erhöhung der Mieten.

Wenn der Regisseur es will, muß der Schauspieler die Ausstrahlung eines Sarges haben oder die von Kartoffelmus mit dicken Bohnen, er muß, befiehlt man es, einen Rüssel am Hinterkopf tragen und außer den seltsamsten Kleidungsstükken hin und wieder auch gar keine, er weiß oft vor den vielen hundert Zuschauern so sehr mit seinem Text nicht weiter, daß ihm das Herz stehenbleibt wie eine große, dicke, einsame Lokomotivführertaschenuhr, beim Funk soll er sprechen wie ein magenkrankes Zwerghuhn, beim Synchron, als würde er einen Zweizentnersack mit Eierkohlen eine Feuerwehrleiter hochwuchten, und dann wieder soll seine Stimme leicht sein wie ein Kolibri, der in die Herzen der Kindergartenkinder hineinflattert, er muß gesellschaftliche Zyniker darstellen, aber auch allerlei Knallschwarten und bornierte Ehrenmänner, und manchmal rationalisiert ihm der Bühnenbildner die Bühne so radikal weg, daß er zwei Stunden lang an der Rampe vorn herumtänzeln muß und dazu, obwohl ihm am Vormittag die Oma gestorben ist, zu strahlen hat, bis ihm die Schnauze wehtut, denn der Schauspieler bringt euch die Kunst nahe, Leute, das dramatische Element des Lebens, damit der Gehirnschmalz in Wallung gerät und der Mensch über den Sinn seines verpfuschten Daseins nachzudenken beginnt.

Schwer ist der Beruf des Schauspielers! Vielleicht noch schwerer als die Meisterung der Tageszeitung oder das Auskommen mit seinem Einkommen.

Darum war es auch kein Wunder, daß mein Kollege Schuchnitz an jenem Dienstagmorgen so herzerfrischend gähnte. Ich habe probenfrei, gottverdammich! dachte er, da klingelte aber auch schon das Telefon, die Krücke, sagt er. Halb zehn in aller Herrgottsfrühe das Telefon? An seinem probenfreien Tag, wo er endlich mal Mensch sein wollte und Hausschuhe tragen und seine ausgebeulte Cordhose! Unwillig verläßt mein Kollege sein Ehebett und preßt den Hörer ans Ohr.

»Herr Schuchnitz?« fragt jemand, und er erkennt, daß es das Fräulein Süßmuth aus seinem Theater ist, die Sekretärin aus dem künstlerischen Betriebsbüro, dem KBB, die lange Ursel. Mein Kollege Schuchnitz bekommt sofort pelzige Stimmbänder, denn so überfallartige Anrufe von seiten des Theaters hat er gar nicht gern, die erfüllen ihn mit großem Mißtrauen, weil das Theater eine Vergewaltigungsmaschine erster Güte ist. Darum räuspert sich mein Kollege Schuchnitz erst mal nur verquollen.

»Herr Schuchnitz, sind Sie's?« fragt die lange Ursel, worauf Schuchnitz etwas ängstlich, aber mit lauernder Stimme »Ja?« sagt.

»Herr Schuchnitz«, spricht die lange Ursel, »entschuldigen Sie bitte die Störung, hier ist Ursel Süßmuth, KBB, Herr Wahsner ist in Dresden und hat gerade Frau Hurtel angerufen, daß er sich in Dresden beim Drehen vermutlich den linken Fuß gebrochen hat oder so ähnlich...«

»Ja, und? Was hab ich damit zu tun?« fragt mein Kollege Schuchnitz bestürzt, denn ihm schwant schon was.

»Darum rufe ich Sie ja an, Herr Schuchnitz!« antwortet die lange Ursel.

»Ach, du grüne Kacke!« entfährt es meinem Kollegen Schuchnitz.

»Ja«, erwidert die lange Ursel mit ihrer langen Stimme, »und nun weiß Herr Wahsner nicht genau, ob er heute abend spielen kann, und darum...«

»Ich hab's gewußt!« wirft mein Kollege Schuchnitz erregt ein. »Herr Wahsner verdient sich dumm und dämlich, dick und doof verdient der sich, und ich soll mich hier für ihn kaputtmachen!«

»Und darum«, fährt die lange Ursel unbeeindruckt fort, »bittet Sie Herr Bieneck, wenn Herrn Wahsners Fuß heute abend immer noch gebrochen oder so wäre, den Text von Herrn Wahsner zu übernehmen.«

»Herr Bieneck?« ruft Schuchnitz empört. »Wieso Herr Bieneck? Was hat Herr Bieneck als Dramaturg in meinem Leben rumzustochern? Demnächst kommt auch noch der Nachtpförtner und stochert in meinem Leben rum!«

»Herr Bieneck hat in Vertretung von Dr. Pruske heute Abenddienst«, erwiderte die lange Ursel. »Sie wüßten schon: den einen Satz im zweiten Akt, die Sache mit dem Fremdenführer, wo Herr Wahsner dem Herrn Naschobelski den Blumenkohl an den Kopf wirft, weil Sie ja sowieso in diesem Bild mitspielen würden!«

»Den Blumenkohl?« ruft mein Kollege Schuchnitz ins Telefon. »Was für einen Blumenkohl, Fräulein Süßmuth?«

»Na, den Blumenkohl doch aber!«

»Das ist Weißkraut, Fräulein Süßmuth, Weißkraut, ich wirke schließlich in diesem Bild mit, ich bin Mitwirkender!«

»Nein, Blumenkohl, Herr Schuchnitz! Ich dachte auch erst, es ist Weißkraut, aber mit Weißkraut, sagt Herr Bieneck, wirft nicht Herr Wahsner im zweiten Akt, sondern Herr Faßschwengel im dritten Akt!«

»Seltsam, ich hätte darauf geschworen, daß es Weißkraut ist«, murmelt mein Kollege Schuchnitz und kratzt sich mit dem rechten großen Zeh die nackte linke Wade, wobei er merkt, daß des Morgens Kühle von unten her in sein Nachthemd strömt. »Ich erkälte mir noch die Blase!« bemerkt er unvorsichtigerweise, worauf die lange Ursel etwas schrill »Wie bitte?« ruft.

»Seltsam!« murmelt mein Kollege Schuchnitz, der einen Hang zur Wahrheit hat, noch einmal. Plötzlich aber wird er von einer Erleuchtung gepackt. »Ach, den Blumenkohl!« ruft er begeistert. »Das hätten Sie mir doch aber gleich sagen können, Fräulein Süßmuth!«

»Jedenfalls«, entgegnet die lange Ursel pikiert, »möchten Sie diesen Text bis heute abend lernen, mein Gott!«

»Aber selbstverständlich doch auch, Fräulein Süßmuth, das ist doch meine Pflicht!« ruft mein Kollege Schuchnitz und knallt den Hörer auf die Gabel. Na, so was! Die mußten doch was an der Bulette haben, die Sackfrösche, die vollnarkotisierten! Wo er doch einige Kerzen brennen lassen wollte an diesem Tag! Die Vorweihnachtszeit genießen in dieser hektischen Welt wollte er, weit weg von der brutalen Kultur etwas selbstzufrieden sein, ein Scheibchen Marzipanstollen schlabbern, auf die Regisseure pfeifen, die Zehen spreizen und die Schallplatte mit den Kinderliedern hören: »Summ, summ, summ, Bienchen, summ herum, über Stock und über Steine, aber brich dir nicht die Beine« und so. Und gerade da, sagt Schuchnitz, machten die gottserbärmlichen Hunde ihn nervös. Wie ein Rasender habe er sofort im Textbuch nach Wahsners Text gesucht. Wobei er schon ahnte, sagte er, daß es ein rechter Dreck sein würde, etwas für Wellensittiche, die sprechen lernen, vermutlich, weil er doch im selben Bild neben Wahsner auf der Bühne stehe und noch nie wahrgenommen habe, daß dieser Mensch etwas Lohnenswertes sage, sagt er. Und das habe ihm das Textbuch dann auch bestätigt!

Hierauf zitierte mir Schuchnitz den betreffenden Text so bösartig und zerhackt, daß ich ihn, um keine Nervverstörungen davon zu bekommen, sofort wieder vergessen habe. Er lautete aber so ähnlich wie: »Der Lokomotivführer – oder der Zugführer – kann heute wegen des Sauerkrautes nicht kommen!«

»Kommen« oder »gehen«. Es kann aber auch der Hundeführer gewesen sein. Sauerkraut war auf jeden Fall dabei. Oder Weinkraut. Es klang nur tiefsinniger, nicht so krautig. Schuchnitz sagte mir aber, als ich ihn heute deswegen anrief, es könne auch etwas mit Verhandlungsführer und Bayrischkraut gewesen sein, mit Fremdenführer und Blumenkohl, wie es die lange Ursel behauptet habe, sei es jedenfalls nicht gewesen, sondern eher das Gegenteil. Spielend habe er den Klacks gelernt!

Weil er aber, nachdem er den Text auswendig konnte, sofort überprüfen wollte, ob er ihn wirklich auswendig konnte, begann Schuchnitz, wie er sagt, den Text zu repetieren, ihn also pausenlos im Kopf zu wiederholen, wobei er die verschiedenartigsten Tätigkeiten ausübte, um den Text auch in jeder Lage zu beherrschen. Später hätte er sogar, sagt er, neben dem zu wiederholenden Text noch andere Texte im Kopf wiederholt. Und dabei sei er vermutlich ins Strudeln gekommen. Es wollte einfach nicht mehr aufhören in seinem Gehirn! Nach zirka einhundert immer dichter aufeinanderfolgenden Wiederholungen des gelernten Satzes habe sich dieser gelernte Satz gegen das Wiederholen in seinem Kopf gesträubt und sei außer Kontrolle geraten, worauf ihm die ulkigsten Sachen gelungen seien, aber auch der Reichtum der deutschen Sprache aufgegangen wäre. Beim Fleischer verlangte er beispielsweise statt hundertfünfzig Gramm Geflügelleberwurst hundertfünfzig Gramm Lokomotivführer, die Verkäuferin hätte vielleicht geguckt! Weil sein Gehirn plötzlich wie eine aufgezogene Spielzeugmaus gearbeitet hätte! Von seinem dauernden Zeitunglesen vermutlich! Statt des richtigen Textes dachte es nun in ihm: »Das Rotkraut kann heute nacht wegen der Lokomobile nicht kommen, Herr Reiseführer!« Und dann wieder: »Morgen fahren wir mit dem Protokollführer zum Grünkohl!« Und, als hätte das noch nicht gereicht: »Der Bergführer wird nachher ins Bohnenkraut gehen!«

Es sei wie absurdes Theater gewesen, sagt Schuchnitz: Ionesco oder *Warten auf Godot*, nur schneller. Fast blödsinnig sei er dabei geworden, sagt er. Obwohl er, um sich zu beruhigen und auf den richtigen Text zu kommen, dauernd »Ich bin aus Zittau in Sachsen und heiße Rüdiger Schuchnitz!« dazwischengedacht habe. Manchmal leider auch, weil er an den immer näher rückenden abendlichen Auftritt denken mußte, panikartig: »Ei Gott, ei Gott, ei Gott!« Aber das habe alles nichts genützt, nicht einmal sein Merkzettelchen mit dem richtigen Text habe was genützt, es sei immer wieder in ihm losgegangen, obwohl er sich den richtigen Text außerdem sogar auch noch in die linke Handfläche geschrieben habe. »Übermorgen gibt's Rosenkohl beim Heerführer!« sei es in ihm losgegangen und »Der Kranführer ist ins Suppenkraut gefallen!« und »Der Fahrstuhlführer liegt im Chinakohl!« – Ein schwerer Beruf eben, ein Drahtseilakt ohne doppelten Boden, ein Eiertanz auf dem Vulkan, und dazu die politischen Ereignisse und die verrücktgewordenen Zeitungen, sagt Schuchnitz. Darum hat er diesen Wahsner, sagt er, und die unruhig machende Kultur und vor allem den Dramaturgen Bieneck, diese Bestie, furchtbar verflucht – und sich selber ebenfalls, sagt er, weil er nicht, wie es sein Vater 1956 gewollt hatte, etwas Harmonisches bei einer Behörde geworden war.

Die Höhe sei aber dann gewesen, sagt Schuchnitz, als er abends mit dem unter so extremen Bedingungen gelernten Text im Theater anrückte, da sei ihm der Regieassistent Äschel entgegengekommen, ein Jüngling, der tagaus, tagein eine Art abgeschnittene Strumpfhose auf dem Kopf zu tragen pflege, und habe gerufen: »Herr Wahsner hat den Fuß doch nicht gebrochen, Herr Schuchnitz! Herr Bieneck läßt Ihnen sagen, Herr Wahsner spielt heute abend!« Beherrscht, wie es Schauspieler sind, hat mein Kollege Schuchnitz nur gebrüllt: »Und wofür habe ich dann den Text gelernt, du blöder Sackhüpfer?«

»Für den eventuellen Fall aber doch, Herr Schuchnitz!« habe dieser oberschlaue Nachwuchs ihm da geantwortet. Für den eventuellen Fall! Als ob der Schauspieler irgendein Ersatzsack in irgendeinem Sackvorratslager wäre! Wie ein Gott benehme sich die Kunst manchmal! Wo ihm in der ersten Hälfte der folgenden Nacht die Formulierung »Herr Brautführer, der Wirsingkohl ist gestern von der Lokomotive gefallen!« wie ein Mühlrad im Kopf herumgegangen sei! Und in der zweiten Hälfte habe ihn der Satz »Infolge des Rübenkrautes erscheint der Fahrstuhlführer erst, wenn er kommt!« fast wahnsinnig gemacht! Wie solle man da noch Interesse am Nikolaus und an Hausschuhen haben? Aber das sei nun mal die schauspielerische Profession, sagt mein Kollege Schuchnitz, Künsterlos, ein schwerer Beruf eben!

Endlich mal wieder unser Freddy!

Es war nach dem Mittagessen, samstags. Olaf Proßke war dabei einzuschlafen. Wo einem die schönen Gedanken kommen. Oder die nicht so schönen, denn plötzlich sagte Olaf Proßke zu seiner Frau, die mit spitzem Mund an einem winzigen Schal für ihren Enkelsohn Freddy strickte: »Ich habe vorhin gelesen, wie wichtig für Enkelkinder auch die Liebe der Großeltern ist, warum kommmt Heike dann so selten mit Freddy zu uns? Wozu ist man dann Großeltern, Dagmar? Man reißt sich vor Sehnsucht das Herz aus der Brust, aber keiner klingelt. Daran ist Jürgen schuld, das ist mir soeben klargeworden. Der mit seiner ewigen Ernstguckerei. Ein seltsamer Heiliger, unser Herr Schwiegersohn. Kein Wunder, daß man nicht einschlafen kann!«

»Aber ein guter Busfahrer ist Jürgen!« sagte Frau Proßke. Nachdenklich legte sie ihr Strickzeug zur Seite und verließ das Wohnzimmer, denn solche problematischen Gespräche liebte sie nicht, da verzog sie sich lieber. »Ach, ja!« sagte sie im Korridor.

»Ach, ja!« hörte sie Olaf Proßke noch einmal in der Küche sagen. Hierauf sagte Olaf Proßke ebenfalls: »Ach, ja!«, setzte aber mürrisch hinzu: »Was hat sie? Autofahren kann jeder! Busfahrer gibt's wie Sand am Meer!« Wo ihr Ältester, der Ulli, sogar Zahntechniker gelernt hatte! Leider war Ulli im August nach Wuppertal gezogen, »Hinaus aus der Enge«, wie er sagte. Obwohl sie eine ziemlich geräumige Wohnung hatten und Wuppertal, wie alle diese guteingerichteten, blankgebohnerten, wohlversorgten Weststädte, nun weiß

Gott nicht der weite, wilde Westen war. Aber schließlich war er, Olaf Proßke, 1964 auch von Kleinröhrsdorf nach Berlin gegangen. So waren die Proßkes!

Meine Güte, war das alles lange her. Dabei lag in seiner Schreibmappe noch der Zettel, wo er damals aufgeschrieben hatte, wie die Kinder zum ersten Mal »Wauwau« gesagt hatten. Zum ersten Mal! Der Zettel, etwas vergilbt, war noch vorhanden, das »Wauwau« war dahin! Und wenn er mal tot war, war's völlig weg, denn Dagmar merkte sich so was Geistiges nicht, die war innerlich zu wabblig. Hätte er wenigstens einen Schwiegersohn wie Thomas Gottschalk – oder wenigstens einen halben Thomas Gottschalk! Der wirkte zwar etwas hüftig, wenn er seine kurzen Liftboyjäckchen trug, aber er lachte mit seinen vielen Westzähnen. Das gefiel sogar Oma. So hatte Jürgen noch nie gelacht. Und jetzt klingelte es. Nanu? Mit hastigen Bewegungen schüttelte Olaf Proßke seine gestauchten Hosenbeine aus, öffnete die Wohnzimmertür und begann sofort zu strahlen. Es waren Heike und Freddy! Jürgen hatte Samstagsschicht. Typisch für diesen Menschen, der nie lachte! Das typische schwarze Schaf! Aber Heike brachte Freddy für einige Stunden zu ihnen! »Ein Kind wie ein Kartoffelsack!« stöhnte sie und ließ Freddy fallen.

»Du verhebst dich noch mal!« sagte Frau Proßke zu Heike, die zur Schwägerin nach Biesdorf wollte, zur Dauerwelle. Freddy sollte aber erst mal mittagschlafen. Und hier wäre noch ein großes Netz mit Äpfeln von den Schwiegereltern, bei denen sie am Vortag gewesen sei!

»Aber, Heike, Kind, Äpfel!« sagte Frau Proßke. »Wo doch Papa mit seinen neuen Zähnen nicht mal Pfannkuchen...«

»Wieso Pfannkuchen?« rief Olaf Proßke empört. »Ich denke, du kannst keine Äpfel mehr...?«

»Streitet euch nicht, macht Apfelmus!« sagte Heike und küßte Freddy. »Gegessen hat er schon, er ist nudeldickevoll!« rief sie und raste davon.

»Weg ist sie, so ein Mädel!« sagte Frau Proßke, und Olaf Proßke sagte verwundert: »Daß an diesen alten Bäumen von den Schwiegereltern noch Äpfel wachsen, da staune ich aber, wo der Schwiegervater doch dauernd schläft und mir überhaupt ein blöder Hund zu sein scheint! Da hat er aber ein Schwein gehabt, wo die Äpfel jetzt so teuer sind!«

»Du mit deinen blöden Hunden! Endlich mal wieder unser Freddy, nicht wahr, mein Freddy?« sagte Frau Proßke und zog dem Jungen den Anorak und Stiefel aus. »Ein steifer Anorak, das muß der von Schwiegermutter sein, die ist doch immer so etepetete, sagt Heike!« sagte sie, und Olaf Proßke sagte: »Aber nicht immer schlafen wie ihr Mann tut sie!« und Freddy wollte »zweier Apfel ham«, und Olaf Proßke nickte frohlockend. »Von wegen, gegessen hat er schon!« rief er. »Wir nehmen die Griebse mit ins Wohnzimmer, Dagmar. Der Schwiegervater sieht zwar gar nicht so aus, aber riechen tun seine Äpfel gut, da kann Freddy schnorpsen wie ein Karnickel, es fördert die Verdauung. Kannst ihm ja auch noch eine Nudelsuppe kochen, mir wäre auch danach!«

»Weißt du noch, Dagmar«, setzte er ergriffen dazu, indes Freddy die ihm nicht behagenden Apfelstücke ins Zimmer zu spucken begann, »weißt du noch, wie wir früher immer diese mit Heu ausgepolsterten Pappkisten voller Äpfel von Mama aus Kleinröhrsdorf bekamen? Dann roch die ganze Welt im Winter plötzlich wie Kleinröhrsdorf im Sommer. So ein Kind bringt einem wieder die Jugend ins Haus. Diese Schwiegereltern scheinen annehmbarer zu sein, als der Schwiegervater aussieht, ein bißchen riechts's wie früher hier!«

Liebevoll musterte Olaf Proßke sein Enkelkind. »Schnorps schön, du kleines Ferkel!« sagte er, und Frau Proßke rief mit dicker, zärtlicher Stimme: »Gleich kommt Freddy ins große, warme Heiabett von Omi, ja?«

»Ja, ja, ja!« rief Freddy und spuckte erheitert Apfelstücke durchs Wohnzimmer.

»Vielleicht sind die Dinger holzig oder wurmig, Dagmar, er hört ja gar nicht mehr auf zu spucken!« sagte Olaf Proßke. »Schmeckt es bähbäh, Freddy?« fragte er nervös.

»Bähbäh!« antwortete Freddy und spuckte. »Was hat er, Dagmar?« fragte Olaf Proßke. »Hat er was?« »Er ist übermüdet!« sagte Frau Proßke. »Will in Omis Heiabett, unser Freddy, was!«

»Freddy will Ais!« rief Freddy strahlend.

»Jetzt will er Eis, Dagmar!« stellte Olaf Proßke ernst fest. »Und an der Tischdecke zuppelt er auch! Na, nu zuppel doch mal nicht an der Tischdecke, Junge! Weil sie ihn alternativ erziehen, Dagmar, speziell Jürgen, der läßt ihn ja bald schon allein mit dem Bus fahren! Laß die Tischdecke in Ruhe, Freddy, die hat dir nichts getan! Na, siehste woll, er muß nur richtig angeleitet werden, jetzt läßt er die Tischdecke in Ruhe und macht Tapptapp, och, wie niedlich! Na, guck mal an, den kleinen Mann! Was macht er jetzt?«

»Ich glaube, jetzt hat er die Erde aus dem Hyazinthentopf gegessen, Dagmar!« rief Olaf Proßke.

»Ais!« sagte Freddy und nahm Proßkes Blumenvase vom Tisch.

»Jetzt nimmt er die teure Blumenvase von Mutter, Dagmar!« rief Olaf Proßke. »Nu mach doch was, sonst nimmt er gleich noch den wertvollen, porzellanenen Diskuswerfer von Ulli aus Wuppertal!«

»Ich kann ihm doch nach den vielen Äpfeln nicht auch noch Eis geben, er kriegt ja Darmverschlingung!« erwiderte Frau Proßke. »Woher soll ich jetzt Eis nehmen?«

»Da ist kein Eis drin, Junge!« rief Olaf Proßke und entwand Freddy die Blumenvase. Na, so was! »Wir sollten dem Jungen die olle Suppenterrine zum Zerkloppen geben, Dagmar!« schlug Olaf Proßke seiner Frau vor. »Es scheint, er möchte was zerkloppen!«

»Was für eine olle Suppenterrine?« fragte Frau Proßke entgeistert. »Na, die von Tante Suse, die sie von Frau Hülße hatte!« antwortete Olaf Proßke.

»Bist du wahnsinnig?« rief Frau Proßke. »Das ist doch keine olle Suppenterrine, das ist ein antiquarisches Stück, echte Berliner Porzellanmanufaktur!«

»Trinken!« rief Freddy begeistert. »Jetzt will er plötzlich was trinken, Dagmar!«

»Gott sei Dank!« rief Frau Proßke und verließ das Wohnzimmer. »Olle Suppenterrine!« sagte sie gekränkt im Korridor.

»Jetzt hat er die Meißner Etagere beim Wickel, Dagmar, der ist schon ein richtiges Westkind!« rief Olaf Proßke seiner Frau nach. »Er rennt um den Tisch damit, Dagmar, es klirrt schon alles! Gib her das Ding, Freddy, sonst holt Opa den Papa, der haut dich!« rief Olaf Proßke.

»Jetzt ist er unter den Tisch gekrochen, Dagmar!« rief er und entriß seinem Enkelsohn, der plötzlich Hände wie Stahlklammern zu haben schien, die kostbare Etagere, seine Frau hatte 1976 fünf Stunden danach angestanden und ein Vermögen dafür ausgegeben. »Er tatscht alles an, Dagmar, das hat er von Jürgen!« rief er seiner Frau entgegen. »Jetzt beißt er auch noch in die Yuccapalme und lacht dabei! Wozu benötigt Heike gerade heute eine Dauerwelle?«

Frau Proßke, die ein riesiges Glas Milch balancierte, zuckte mit den Schultern, solche philosophischen Fragen interessierten sie nicht, sie war froh, wenn sie ihre Rückenschmerzen nicht hatte. Beinahe brutal griff Freddy das Glas und trank es in einem Zug aus. »Mein Gott, er muß tagelang nichts zu saufen gekriegt haben!« rief Olaf Proßke erschüttert. »Jetzt geht er das Glas rausbringen, der Brave!« sagte er gerührt.

Und dann sagte er: »Jetzt kommt er mit dem Glas wieder rein, Dagmar!« Und wenig später sagte Olaf Proßke verwundert: »Er geht immer nur mit dem Glas raus, um immer nur mit dem Glas reinkommen zu können, Dagmar. Bring ihn ins

Bett, sonst fällt ihm vor Erschöpfung noch was Schlimmeres ein!« Frau Proßke nickte. »Ich leg mich mit hin« sagte sie. »Allein schläft er ja sowieso nicht, da wirft er nur mit Kissen rum!«

»Jetzt ist es still!« dachte Olaf Proßke, als die beiden verschwunden waren. »Schön, daß der Junge noch so klein ist, aber größer ist auch schön, vielleicht hätte man dann sogar eine Nudelsuppe gekriegt!« Versonnen stellte er die Meißner Etagere wieder an ihren Platz, zupfte die Tischdecke gerade, streichelte die angebissene Yuccapalme und setzte sich in seinen Ohrensessel.

In Gedanken Enkelkinder haben ist einfacher als in der Wohnung, dachte Olaf Proßke. Jetzt weht's durch die Wohnung wie früher aus Mamas Apfelkisten, das macht, weil ein Kind im Hause ist, hoffentlich schläft der Goldjunge recht lange, dachte er, und legte die Füße auf den Tisch und begann, beinahe liebevoll zu schnarchen.

Wie Speckbratkartoffeln!

Ich wäre gern ein schöner Mensch geworden! Statt dessen bin ich in Sachsen geboren, was auch schön ist. Obwohl selbst in solchen Fällen Probleme auftreten können. Mein Bruder Paul beispielsweise hat als sächsisches Kind sehr unter Möhren gelitten. Weil er in jedem Dreck herumwühlte und darum immer die Würmer hatte. Ich glaube, früher gab's den praktischen Wurmsirup nicht, oder man war in Sachsen noch nicht reif dafür, jedenfalls mußte mein Bruder bei Würmern immer Möhren essen, die er mehr haßte als die Würmer. Außerdem wirkten sie nicht, denn ich kenne den armen Paul zwar immer schnorpsend, aber nur mit Würmern.

Und ich? Ich bin als Kind vor allem gerannt. Erstens, weil ich auch schnorpsen sollte, und zweitens, weil das Rennen in mir war. Ich habe vielleicht geatmet damals! Immer die Zunge draußen. Und als Kleinster immer hinter den anderen her. Beim Skilaufen, halb vereist, hinterher, und im Sommer, nach dem Kirschenklauen, beim Ausreißen hinterher, quer durch die Brennesseln, in Badehosen, Hände hoch, japsend und heulend – mein Gott, konnte ich brüllen, wenn ich Angst hatte! – und immer die Zunge draußen. Diese Zunge hat viel gesehen in ihrer Jugend!

Wie gesagt: Es war nicht alles Jubel und Nachtigallenschlag, doch das Gras hat besonders stark geduftet in der Kindheit. Weil man eben dauernd wie ein junger Hund mit der Schnauze am Boden herumschnüffelte. Manchmal habe ich mehr zur Wiese als zum Menschengeschlecht gehört. Der Geruch der Erde troff mir vom keuchenden Maul, und mein

Blut hat von den vielen Sauerstoffbläschen gesprudelt wie Wasser, in das man Brausepulver kippt. Vermutlich benötigt der Sachse darum später bei größenwahnsinnigen Vorgesetzten oder Blechschäden keinen Psychiater, sondern ihn heilt eine Reise nach Sachsen, in dieses angenehme Hügelland voll vigilanter Menschen, welche als Kinder oft mit großen, blöden Nasenlöchern durchs Leben taumeln und später Johann Sebastian Bach oder Karl May sind oder ein Mensch wie ich, der mit fünf Jahren noch an den Storch glaubte.

Als mein Bruder Paul, der als Säugling noch häßlicher war als heute, geboren wurde, begann ich nämlich beispielsweise lauthals den Klapperstorch zu preisen. Beleidigt unterbrach mich mein Vater und rief, daß nicht irgendein Vogel meinen armen Bruder zur Welt gebracht habe, sondern meine Mutter, er habe mich schon mehrmals darüber aufgeklärt, aber mich würden ja nur Speckbratkartoffeln interessieren. Das letztere sagte er ein wenig bitter, weil ich ihm immer die Reste aus der Pfanne wegschnappte. Natürlich beobachtete ich von diesem Tag an meine Mutter mit Adleraugen, denn wenn sie tatsächlich diesen häßlichen Bruder zur Welt gebracht hatte, dann konnte es durchaus möglich sein, daß sie ein Klapperstorch in Verkleidung war. So eine Mutter wäre mir damals fast noch lieber gewesen als eine Pfanne voll Speckbratkartoffeln. Leider blieb das Wunder aus. Kein einziges Mal erblickte ich meine Mutter als Klapperstorch, nicht mal geklappert hat sie! Trotzdem hielte ich es auch noch heute für sinnvoll und liebenswert, wenn die Kinder vom Storch gebracht würden, weil wir Männer dann ein besseres Gewissen haben könnten. Was einem in der Jugend, speziell in der sächsischen (womit ich nichts gegen die anderen Volksstämme gesagt haben möchte!) eingepflanzt worden ist, das hat eben dicke Wurzeln!

Zum Beispiel werde ich nie meinen seligen Onkel Emil Angermann vergessen, den Witwer! Oben in unserem Siedlungshaus unterm Dach schliefen wir hinter grünen Rolläden, und immer sonntags, wenn wir ausschlafen konnten und wollten, die Wiesen lagen noch still im Tau, stand Onkel Emil auf dem Gartenweg vor unserem Haus und schrie zu den grünen Rolläden empor: »Auf, auf, ihr faulen Hunde, Morgenstunde hat Gold im Munde!« oder »Auf, nach Valencia!« oder »Auf, bade Schüler unverdrossen die irdsche Brust im Morgenrot!« oder »Auf, sprach der Fuchs zum Hasen, hörst du nicht des Jägers Blasen?«

Das brüllte er in den jungfräulichen Morgen hinein, und es war immer was mit »Auf!«, denn Onkel Emil hatte schon eine halbe Stunde Fußmarsch hinter sich und noch nicht gefrühstückt. Dann raufte sich mein Vater die Haare und dankte, in sein Kopfkissen beißend, dem Himmel, daß Onkel Emil kein Blutsverwandter war, sondern angeheiratet, und meine Mutter lief in ihrem langen, geblümten Nachthemd vor den Betten auf und ab und jammerte »O Gott, was machen wir jetzt?« Bis wir alle aufstanden und meine Mutter die grünen Rolläden hochzog. Jeden Sonntag fast!

Später am Kaffeetisch, sagte mein Vater dann: »Gut, daß ich den klugen Einfall hatte, so früh aufzustehen, da hat man doch wenigstens was vom Sonntagmorgen und von Onkel Emil!«, und alle Verkrampfung löste sich. Die Sonne schien durchs offene Fenster, Onkel Emil aß uns den Napfkuchen weg, mein verfressener Bruder Paul, der dadurch fürs Leben zum Frühaufsteher geworden ist, wurde fast verrückt dabei, es duftete nach Rabattennelken, und die Vögel trillerten wie bekloppt. Ach, ihr Rabattennelken!

Aus diesem Grund packt mich noch heute, wenn die Vögel trillern, das Heimweh. Vor Pfingsten ist es am schlimmsten, da sprengt es mir fast die Brust, mir wird grasgrün im Kopf, und ich schreie manchmal auf. Infolgedessen bin ich vor einigen Wochen schnell mal wieder mit der Bahn nach Dresden, um von dort zu meiner lieben, alten Mutter zu fahren: In dä

Boombliede! An der Bushaltestelle in Dresden staubte es zwar, und jemand sagte wehmütig: »Rähchnen mißts ma wiedor!«, aber als ich dann nach einer Dreiviertelstunde aus dem Bus stieg, da nahm mich die Welt so frisch und still in ihre grünen Arme, daß ich trotz meiner Bandscheibe einen Jauchzer ausstieß. Zwar roch's von den Feldern her hundsgemein und gewissenlos nach ländlicher Düngung, und wenn später alles im Knäckebrot drin ist, dann Prost Mahlzeit, aber die Obstbäume blühten im frischen, kniehohen Gras, als seien sie wahnsinnig geworden, und der Löwenzahn blühte, und die Gänseblümchen, groß wie Margeriten, blühten, und das Wiesenschaumkraut blühte, und die Butterblumen blühten, alles wie wahnsinnig, die Wiese meiner Mutter schwamm in Blüten, umarmte mich mit Blüten wie eine Geliebte, regnete Blüten aus ihren schweigenden Obstbäumen auf mich herab, Blüten hinten und vorn, links und rechts, oben und unten, Blüten, Blüten, Blüten, man ersoff förmlich darin, ich guckte schon immer hoch, ob nicht vielleicht auch noch Engel mit Harfen auftauchten, und das an einem stinknormalen Wochentag mit einer Arbeitslosenquote in Sachsen von weit über zehn Prozent! Bis zu den Knien stand ich im festlichen Gras inmitten blühender Bäume, in mir die genialen Speckbratkartoffeln, die mir meine Mutter zubereitet hatte, und die Drosseln kurvten wie besoffen im Tiefflug dahin – und zwitscherten, als wüßten sie was. Leider mußte ich schon folgenden Himmelfahrtstag wieder weg von den grünen Gestaden, wo die Rede gemächlich in Gurtlatschen daherkam und die Drosseln dicke, wilde, rabenschwarze Viecher waren, verhexte Bauchtänzerinnen vielleicht.

Etwas steif von der ländlichen Kühle, eine Blüte im Knopfloch, verließ ich mein Elternhaus, doch da, auf der anderen Straßenseite, der schlurfende Opa mit den feisten Backen und dem Hängebauch, war das nicht Ziegenbalgs Heinzel, mein ehemaliger Mitschüler, dieser alte Mann in sackigen Arbeitshosen, mein Gott?

Wär ich hiergeblieben, sähe ich jetzt genauso aus, trotz der Blüten! dachte ich erschüttert und begann mich nach den großschnäuzigen Intellektuellen Berlins zu sehnen, und liebevoll schallte es über die Straße: »Na, du alde Dräckschwarde, sieht mor sich ooch ma wiedor, ooch wiedor ma in dor Heimad, mir wern alle ni jüngor, was?«

»Der Bus kommt, Heinzel!« rief ich und lief schneller.

Mach's gut, Mama, mach's gut, mach's gut, mach's gut, und vielleicht flucht jetzt ein Mecklenburger oder Berliner gewaltig los, weil ich wieder in Sachsen war, aber ich muß wenigstens manchmal nachsehen, ob Sachsen noch steht. Und mir von seinen großen, grünen Pfoten übers Haar streichen oder eine versetzen lassen. Und überprüfen, ob Mama noch lächelt. Außerdem wurde es schon an der zweiten Haltestelle spannend, da fiel nämlich einer, ein Birkenzweiglein am Revers, mit einem sogenannten Eiersieder auf dem Kopf und einer Fahrradklingel am Spazierstock in den Bus und rief, sich erhebend: »Äs läbe där ärschde Mai, Nachbarn, heude wird där Blan erfillt!«, worauf mehrere Fahrgäste beleidigt wegsahen und ein ausgemergelter Kettenrauchertyp verächtlich »Där lädzde Mohiganer!« sagte. Aber der mit dem Eiersieder ging unbeirrt auf die Knie und sang dem gleichmütigen Busfahrer zu: »Du hast mich im Schlafe zur Mutter gemacht!« Mit Fahrradklingelbegleitung! Darüber freuten sich dann alle, nur ich nicht, weil ich stehen mußte und die Dresdner Heide voller Kurven ist und eine Traurigkeit mich an der Gurgel hatte. Mir war, als hätte ich gar nicht wegfahren dürfen von meiner alten Mutter und den blühenden Bäumen, ich kam mir vor wie einer, der seine Liebste verraten hat und nun dafür erschossen wird.

Tröstlicherweise soff dann im Zug ein Mitreisender, der mit nachdenklichem Blick und gefülltem Rucksack eingestiegen war, so schnell zwei große Flaschen Radeberger Pilsner leer, daß ich gar nicht mehr traurig sein konnte. »Das läßt mor sich gefalln!« grunzte der Kerl und wandte sich der dritten Flasche zu.

»O du mein Sachsenland, o Land mit der großen, weichen Seele, eine Seele wie warme Eierschecke!« dachte ich gerührt, denn mittlerweile hatte auch ich zwei mir schweigend angebotene Flaschen geleert, und der Zug ratterte menschlicher, und hinter Elsterwerda hatte der Säufer bereits die vierte Flasche erledigt. »Off vier Been' steht's sich bessor!« sprach er mit aufleuchtendem Blick und kippte bis Berlin noch einige weitere Flaschen, wobei er es nicht versäumte, hin und wieder auch mir etwas anzubieten. So saßen wir nachdenklich und wortlos beim Radeberger Bier zusammen.

Als der Zug in Berlin-Lichtenberg angekommen war, schulterte der sächsische Mann mit dem großen Schlund seinen leeren Rucksack und rief: »Auf, sprach där Fuchs zum Hasn, hörst du nicht däs Jägors Blasn, hupp?« Dann stieg er nachdenklich aus, und ich sah ihm nach und hatte plötzlich einen beinahe überirdischen Geruch von Rabattennelken in der Nase. Mitten auf dem Bahnhof Berlin-Lichtenberg! Eine Lokomotive pfiff, vor dem Speisewagen stapelten sie hastig leere Kästen, und ich begann zu grinsen, weil die Wunder des Lebens nie alle wurden. Man mußte nur etwas unternehmen, nach Sachsen fahren oder so, dann steckte man immer mittendrin. Dann wurde sogar mein Onkel Emil Angermann, dieser angenehme, aber lästige Mensch von früher, wieder ein bißchen lebendig. Das war phänomenal! Das war doch wie Speckbratkartoffeln! Nicht ganz, aber fast wie!

Fleischklopse

Ich kenne Rita Kanngießer durch meine Frau, deren Arbeitskollegin sie war. Ich kenne sie nicht besonders gut, so wie Neuguinea etwa, nur daß ich Neuguinea im Gegensatz zu Rita Kanngießer noch nie gesehen habe. Rita Kanngießer besitzt zudem mehrere der von mir verfaßten wertvollen Bücher. Mit eigenhändiger Widmung! Solche Bücher kann Neuguinea auch nicht aufweisen. Aber Rita Kanngießer! Weil sie mich bis Ende Februar verehrt hat. Darum errötete sie auch stets bei meinem Anblick, obwohl ich kein schöner Mensch bin, sondern eher etwas mißlungen. Aber sie errötete. Bis Ende Februar. Und verteidigte mich. Auch Kopernikus sei verhöhnt worden, sagte sie. Sogar Oliver Hardy! Das war Vogelgesang für meine Ohren. Ich erwiderte Rita Kanngießers Wohlwollen aufs herzlichste. Leider aber gibt's Situationen, in denen der Mensch von Wut heimgesucht wird. Unberechenbare, schlimme Fuchsteufelwildheiten gibt's.

An einem klaren Tag geschah's, Ende Februar, wie gesagt, bei sieben Grad minus, die Sonne war warm wie ein Huhn auf den Eiern, und der Schnee glitzerte ordentlich. Ich dachte noch »Das wird sich bald ausgeglitzert haben, Herrschaften!« und lächelte wie ein Kind, aber im Konsum vorn beziehungsweise im ehemaligen Konsum vorn, der zwar immer noch Konsum war, doch nicht mehr der von früher (oder war er's überhaupt nicht mehr?), da vorn jedenfalls in diesem seltsamen Konsum, in dem verfluchten Geschäft da, wo ich immer einkaufen gehe, hatten sie dann keine Fleischklopse. Da hatten wir den Salat! Typisch DDR. Obwohl's die gar nicht mehr gab. Ach, du grüne Schande! Wem sollte man bloß jetzt immer die Schuld an allem geben? Meine Frau lag mit einem kiebitzeigroßen Gallenstein im Krankenhaus, und sie hatten keine Fleischklopse! Lustig war das nicht! Aber kennzeichnend für unseren Konsum, für diesen..., diesen Laden, das war früher schon so gewesen! So etwas hatte ich geahnt. Schon am Morgen hatte ich »Ist das ein Leben!« gerufen, unser Hausmeister, der Herr Erlemeier, kann's bezeugen, er brachte nämlich gerade die Treppenbeleuchtung in Ordnung. »Ist das ein Leben!« hatte ich gerufen. Mit wachsendem Alter teilt man sich gern solche prophetischen Sachen mit. »Wirst Fleischklopse machen!« hatte ich danach zu mir gesagt. »Fleischklopse mit Salzkartoffeln, das essen auch deine Söhne gerne!«

Dieser mutige Gedanke erfüllte mich mit Hoffnung, aber dann, wie gesagt, gab's keine Fleischklopse in unserem ehemaligen Konsum. Obwohl man dort vor Jahren, wie man es einer verwischten und etwas verstört wirkenden Tafel entnehmen konnte, um einen Titel gekämpft hatte: Beste Brigade des Quartals oder so. Aber nun gab's keine Fleischklopse. Ich sah sogar hinter den Eiernudeln nach.

»Warum gibt's keine Fleischklopse?« fragte ich die rothaarige Verkäuferin, die inmitten von Dosenpyramiden die Konservenregale naß auswischte und neue Ware nachfüllte. Neuerdings hatten sie sogar frisches Gemüse. »Wie im Westen!« dachte ich und fragte noch einmal: »Warum gibt's keine Fleischklopse, Fräulein?«

»Ich weiß nicht, ich bin nur zur Aushilfe hier!« antwortete die Rothaarige beleidigt.

»Aber darum kann's doch Fleischklopse geben!« sagte ich, denn in der Argumentation mit Mitarbeitern des Handels kenne ich mich, noch aus alten DDR-Zeiten her, aus, da bin ich ein As. Die Rothaarige richtete sich auf.

»Frau Prickler«, rief sie einer die mittleren Regale auswischenden Kollegin zu, »haben wir Fleischklopse?«

»Fleischklopse?« fragte die Kollegin verwundert, als hätte ich nach Erdhörnchen gefragt.

»Das sind diese pflaumengroßen Hackfleischbällchen!« warf ich ein.

»Sie müssen mich nicht belehren, von allen Seiten her wird man neuerdings belehrt!« sagte die verwunderte Kollegin rauh.

»In Gläsern!« fügte ich unbeirrt hinzu.

»In Gläsern?« staunte die Rothaarige, worauf ihre verwunderte Kollegin noch verwunderter aussah und nach einer Frau Steigemann rief. »Frau Brasch wird von einem Kunden gefragt, ob irgendwelche Fleischklopse mitgekommen sind, Frau Steigemann?« rief sie nach hinten.

»Sollen das Fleischklopse in Bratensoße sein?« fragte es zurück.

»Nein, in Gläsern!« rief ich.

»O Gott, o Gott, o Gott!« sagte die Verwunderte und wendete sich wieder ihren Wassereimern zu, denn bei uns im Konsum wischen sie fast jeden Tag die Regale naß aus und die Waren naß ab. Bis auf das Brot vielleicht. Und füllen wie die Wahnsinnigen mit roten Köpfen Waren nach. Dann stolpert man über die nachzufüllenden Waren oder über die nachfüllenden Verkäuferinnen oder über irgendwelche Wassereimer. »Ja, ja, die Marktwirtschaft!« sagte ich.

Die Rothaarige sah mich groß an.

»In Gläsern!« sagte ich. »Sie kosten eine Mark neunzig, es sind noch diese alten DDR-Klopse mit anderem Etikett!«

»Die für eine Mark neunzig, Frau Steigemann!« rief die Rothaarige, ein hübsches Weib, bald wie die Milva. Von hinten hörte man ein schlürfendes Geräusch mit Plätschern – wie wenn große Tiere Wasser saufen: Neufundländer oder Pferde –, dann rief es: »Frau Runkel packt schon aus!« Hierauf klirrte etwas, jemand schrie »Huch!«, und die Rothaarige sagte: »Na, siehste!« obwohl es gar nichts zu sehen gab.

»Kein Wunder, daß man erhöhten Blutdruck bekommt!« sagte ich.

»Ich weiß nicht, ich bin nur zur Aushilfe hier!« erwiderte die Rothaarige. »Wenn nun jemand für ein krankes Kind Fleischklopse benötigt!« sagte ich und versuchte mir jemanden vorzustellen, der für ein krankes Kind Fleischklopse benötigte. »Dauernd muß man sich ärgern!« sagte ich, und die Rothaarige zuckte mit den Schultern und erwiderte noch einmal »Ich weiß nicht!«, aber nachmittags hatten sie dann türmeweise Fleischklopse stehen – sogar im Schaufenster, und außer denen in Gläsern auch solche in Dosen und Beuteln und Schachteln und Näpfen.

Das hat meine Wut verstärkt, weil wir da schon zwei Kilo Kartoffelsalat mit Hering verspachtelt hatten, meine Söhne und ich. Und sieben Buletten, ein Fertiggericht, aber nicht aus dem Fischladen, obwohl es so schmeckte, sondern vom Fleischer, bißchen viel Semmel, also eher eine Backware und von der Konsistenz her wie ausgetrockneter Lehmboden. Seltsamerweise, obwohl es fast Heilerde war und homöopathisch, bekam ich aber Magengluckern davon. Es mußte von den Konservierungsstoffen sein. Oder von der unschädlichen Lebensmittelfarbe. Drum bin ich dann ziemlich aufgebracht ins Krankenhaus zu meiner armen Frau.

Wochentags haben sie von siebzehn bis achtzehn Uhr Besuchszeit, und eigentlich hätte ich hin und wieder bellen müssen, so war mir. »Fleischklopse! Fleischklopse!« dachte ich nervös vor mich hin und stellte wieder einmal mit Entsetzen fest, wie abhängig vom Handel der Seelenzustand des Menschen ist. Es war am Tag vor der Operation, und meine Frau, schien's, wartete schon seit dem Wecken auf mich. Frisch gekämmt, eingesalbt und flehend sah sie mir in ihrem fliederfarbenen Nachthemd (das wollene, lange, das ich ihr 1990 aus Mülheim mitgebracht hatte) entgegen.

Wie jemand, der erschossen werden soll, ein lila Zirkustier

oder so! dachte ich schaudernd, denn Krankenhäuser gehn mir an die Nieren. Zudem sah meine Frau ziemlich abgehärmt aus. Vermutlich, weil sie ihre Backen vor mir zwischen die Zähne zog! Und als sie sich aufrichtete, saß sie ganz krumm da, eine Frau, die zwei Tage zuvor noch kerngesund und munter und kerzengerade durch unsere Wohnung gesprungen war! »Mein Gott!« rief ich unwillkürlich.

»Hier sitzen alle so krumm da!« sagte meine Frau und erklärte mir mit schmerzerfüllter Stimme, daß sie seit dem Frühstück nichts mehr zu essen bekommen habe. »Aber drei Tassen Kräutertee hat Ihre werte Frau Gattin ausgetrunken!« rief die Greisin im Fensterbett. Und abends, weil es der Abend vor der Operation sei, würde sie erst recht nichts zu essen bekommen, wimmerte meine Frau, nur eine Spritze.

Ich schüttelte den Kopf, weil es so in meinen Eingeweiden gluckerte. »Was gluckerst du so?« fragte meine Frau mit leidendem Gesichtsausdruck, und das kränkte mich etwas. Wollte sie allein gluckern? Die Greisin im Fensterbett schaute neugierig zu uns herüber. »Mein Maskenbildner im Theater gluckert sogar immer so!« antwortete ich abweisend, denn zum Gluckern hatte ja nun schließlich jeder ein Recht, speziell natürlich die bauchnahen Berufe, aber auch unsereiner, und nach der Wende jetzt sowieso, die Zeit der Bevormundung war vorbei! Außerdem war ich in diesem Augenblick gerade bei dem Gedanken angelangt, daß vielleicht auch ich was an der Galle hatte! Ich machte mich ganz steif und erklärte meiner Frau, daß wir zu Hause ebenfalls wie die Viecher lebten. »Dabei hätten wir so schön Fleischklopse futtern können«, rief ich schrill, »aber im Konsum vorn hatten sie keine!«

Natürlich hätte ich, um das hier einmal klarzustellen, in anderen Geschäften Fleischklopse kaufen können, der Penny-Markt war voll davon, sogar gefrostete gab's da, auf dem Wochenmarkt am S-Bahnhof Schönhauser hatten die

Händler sogar unter nacktem Himmel Fleischklopsdosenpyramiden aufgetürmt, beim Handel wimmelte es von Fleischklopsen, ein Fleischklopsdorado, etwas für Kenner sozusagen, aber an jenem Tag sah ich das nicht ein, weil ich erstens meinen Stolz hatte und weil wir doch zweitens Mitglied im Konsum waren (oder ehemaliges Mitglied – die fünfzig Mark Einlage hatten wir jedenfalls noch nicht zurückbekommen!), und drittens mußte ich mutterseelenallein vier große Kachelöfen beheizen und zwei große Söhne versorgen, die wie die Scheunendrescher fraßen und deren unheimlicher Lebenskraft ich eigentlich gar nicht mehr gewachsen war, und am folgenden Tag hatte ich die Treppe – mit Bohnern! –, und das als mehrfach gedruckter Autor und bei dem Dreck, den sie alle hochschleppten, aber wir sogenannten Humoristen waren ja sowieso Pfeifenköpfe, ganz übernächtigt sah ich schon aus, stundenlang hätte ich mich im Spiegel ansehen und bemitleiden können, und der ewige Abwasch, und dauernd fiel ich über die Katze, es war ganz schön zum Kotzen, ich dachte richtig bitter daran, daß Günter Grass und Heiner Müller höchstens Pfeifentabak oder Zigarren holen mußten – und Umberto Eco ließ das Foucaultsche Pendel pendeln –, sicher aber mußte keiner von denen Treppen bohnern (obwohl mir der Bohnerwachsgeruch nicht unangenehm war!) – jedenfalls sah ich in dieser Lage überhaupt nicht ein, wegen der Fleischklopse einen anderen Laden aufzusuchen! Die Blumen bekamen sowieso immer die anderen!

»Sollen sie sich doch ihre Fleischklopse an den Hut stekken!« sagte ich zu meiner Frau, worauf sie mich beinahe flehend bat, nicht mehr von Fleischklopsen zu sprechen, sie müsse sonst vor Hunger schreien oder ihr Nageletui an die Wand werfen. Ich versprach's – gerade, als Rita Kanngießer errötend ins Zimmer trat. »Wenn wir zu Hause wenigstens einige Gläser Fleischklopse auf Vorrat gehabt hätten!« sagte ich noch schnell etwas vorwurfsvoll, da redete Rita Kanngießer schon. Die Greisin im Fensterbett richtete sich überrascht auf, denn es brach aus Rita Kanngießer wie eine Springflut. Sie schien monatelang nicht geredet zu haben. Gerechterweise wäre meine zu operierende Frau zwar erst einmal dran gewesen, Erklärungen abzugeben, aber sie hatte ihren Einsatz verpaßt, und Rita Kanngießer berichtete hitzig von ihrer 1976 erfolgten Blinddarmoperation und der operativen Entfernung einer Warze 1969 und einer kleineren, aber unendlich schmerzhaften Nagelbettoperation 1983. Nicht einmal mich ließ sie zu Worte kommen. Das hätte mich zwar nicht groß gestört, denn ich schweige gern mal und freue mich, wenn ich keine dummen Fragen beantworten und mich nicht irgendwie bekennen oder festlegen muß, aber vom nächsten Tag an würde meine Frau einen Abnäher im Bauch haben, und das, so schien es mir, hätte sie ihrer Kollegin, meiner Verehrerin, wie ich es ihren traurigen Augen ansehen konnte, liebend gern in allen Einzelheiten unterbreitet, um sich an deren Trostworten oder Aufschreien (immerhin waren schon einige Voruntersuchungen erfolgt!) zu laben, denn ich hatte mittlerweile selber Trost nötig, aber Rita Kanngießer redete wie eine Wahnsinnige von ihrer Blinddarmoperation und ihrer Warzenentfernung und ihrem Nagelbett, sie streifte das Thema Galle nicht einmal, obwohl es bleich in den Kissen vor ihr lag, und ahnte nicht, daß ich, der ich sowieso eine Stinkwut wegen der Fleischklopse hatte, sie beinahe schrecklich beschimpft hätte wegen ihres egozentrischen Verhaltens, aber ich konnte doch meine Hauptverehrerin nicht beschimpfen, das wäre ja literarischer Selbstmord gewesen, ich war doch nicht verrückt, ich beschimpfte doch nicht, trotz dieser furchtbaren Wut in mir, meine Anhängerin, da hätte ich ja was am Kopf haben müssen!

Da hätte ich ja eher noch unsere dicke brave Katze gebissen, so bin ich nun mal, ein Mensch, der sich angesichts der aus den Laken ragenden einsamen schmerzlichen Nase seiner

Frau urplötzlich aufrichtete und sich selber zu beschimpfen begann, um meine Verehrerin Rita Kanngießer nicht beschimpfen zu müssen und trotzdem meine Wut loszuwerden, denn irgendwohin mußte diese Wut, mein Gott, habe ich mich beschimpft!

Als ich fertig war, fühlte ich mich gelöster, doch Rita Kanngießer hätte mich fast gehauen, weil ich ihren Lieblingsdichter beschimpft und in den Kot gezogen hatte. So stand's in ihren Augen zu lesen. Wortlos und zu Tode gekränkt verließ sie das Zimmer. So verlor ich meine Verehrerin! Das tat mir an jenem Tag, Ende Februar, als meine Frau vor der Operation stand und eine einsame, spitze Nase hatte, unsäglich weh – weh wie ein fleischklopsgroßer Gallenstein. Sehr, sehr traurig habe ich Rita Kanngießer nachgesehen, und sehr, sehr traurig habe ich auch meine Frau angesehen, die ebenfalls beleidigt war, weil ich ihren Mann verunglimpft hatte und eine Menge Fleischklopse in meinen Selbstbeschimpfungen aufgetaucht waren, und sogar die Fensterbrettgreisin tat beleidigt, obwohl sie schon am nächsten Tag entlassen werden sollte, weil, wie sie mummelte, die Dame mit der Blinddarmoperation und der spannenden Warzenentfernung und dem Nagelbett zu früh gegangen wäre, bis achtzehn Uhr sei Besuchszeit.

Es ist eben kein Dank auf der Welt, und das beste ist, man ist auch beleidigt.

Puhsel, die Waldfee

Ich weiß nicht, ob's am Mai lag oder an einem dieser Zustände von Unzufriedenheit, von denen die Frauen so oft befallen werden, jedenfalls sagte meine Frau in der letzten Woche am Samstag, als sie eigentlich hätte glücklich sein müssen: »Seitdem so viel los ist in Berlin, ist bei uns aber auch gar nichts Positives mehr los, nichts Überraschendes passiert, kein Jubelschrei, keine Südsee, kein Frohsinn, kein Juchhei, die Post bringt nur noch Reklame oder Rechnungen, dauernd muß man Formulare ausfüllen, nur immer Rackerei und Angst, das ist vielleicht ein Leben, Junge, Junge, Junge!«

»Und wenn's köstlich gewesen ist, so ist's Mühe und Arbeit gewesen!« entgegnete ich, denn Bibelzitate kommen eigentlich immer gut an, aber meine Frau antwortete aufgebracht: »Ja, vielleicht bei dir und bei Luther, mir kannst du mit dieser Köstlichkeit den Buckel runterrutschen!«

Da ich es nicht leiden kann, wenn sie unzufrieden ist, weil ich dann immer denke, ich bin die Ursache, fragte ich sie etwas spöttisch: »Worauf wartest du? Auf die Waldfee?«

»Zumindest, daß du mir nicht so selbstherrlich antwortest, du Satan!« schrie meine Frau, und ich ging mir die Schuhe anziehen, weil ich noch zur Sparkasse mußte. Mit dieser Frau wurde ich sowieso nicht fertig! Sollte sie sich doch mit Käblers streiten, die an den Wochenenden über uns in der Wohnung wilde Pferde zuritten!

Auf dem Weg zur Sparkasse wurde ich dann aber auch nachdenklich. Viel Positives war in unserer Familie wirklich nicht los. Bis auf Onkel Jochens vereiterten Blinddarm, der kurz vor Ostern fast geplatzt wäre und die zwanzig Mark, die meine Frau am 1. Mai im Friedrichshain gefunden hatte, fehlten die geblähten Segel fast völlig. Unser Leben war nicht gerade bösartig, war manchmal etwas aufgeregt und manchmal sogar gutmütig, aber die Tage wiederholten sich wie Wiener Würstchen, ein Wiener Würstchen am anderen, immer nur Wiener Würstchen. »Warum steigt nicht mal ein Engel vom Himmel herab und tut ein Wunder an uns?« dachte ich. »Warum gewinnen wir nicht mal 962789 Mark oder sechs Millionen im Lotto? Warum spricht meine Frau nicht wenigstens plötzlich Japanisch?« Aber nichts geschah. Meine Frau hatte schon recht. Nur immer älter wurde man und bekam Überbeine.

Auf der Sparkasse wurde mir dann auch nicht wohler. Ganz sicher würde ich auf dieser Sparkasse noch einmal meine gute Brille zerbeißen oder sonst was Fürchterliches tun, denn vor dem einzigen nicht defekten Geldautomaten stand eine Schlange bis zur Eingangstür der Sparkasse, und vor den Schaltern standen auch Schlangen. Ein Schlangennest! Ein Märchen aus uralten Zeiten! So bin ich dann mit meinem Geld etwas deprimiert nach Hause, und an die Waldfee mußte ich denken – warum streute die alte Zippe nicht mal Blumen bei uns? –, und zu Hause sagte meine Frau: »Seltsam, unser Fritz hat in seinem Zimmer eine Plastetüte mit neun Stück Margarine liegen, wie kommen die dahin?«

»Vielleicht waren Außerirdische da?« antwortete ich mürrisch, weil die Stimme meiner Frau so klang, als sei sie nun auch noch mit dieser Margarine in Fritzens Zimmer unzufrieden. »Neun Stück Margarine, ›Sahna‹, die billigste, neunundvierzig Pfennig das Stück, vier Mark einundvierzig zusammen, nicht mal ein Fünfmarkstück«, murmelte meine Frau und verschwand.

Wahrscheinlich will sich der Junge Pommes frites machen, dachte ich. Oder er hat die Absicht, endlich mal sein Fahrrad einzufetten? Neun Stück Sahna! Auf Ideen kamen die Kinder! Das war ja fast interessanter als Onkel Jochens beinahe geplatzter Blinddarm!

Nachts, nach eins, zu einer Zeit, wo ich sogar über jedes normale Geräusch, das Grölen eines Besoffenen etwa oder das Gejammer des Notarztwagens, zu erschrecken pflege, meine arme Frau schlief schon lange, klingelte dann plötzlich das Telefon. Es war wie ein Hammerschlag, als hätte jemand Gräßliches, ein Mensch mit einem Froschkopf beispielsweise, plötzlich hinter meinem Rücken »Quak!« gesagt. Ich erschrak dementsprechend, sprang vom Schreibtisch auf und riß den Hörer ans Ohr.

»Hier ist Puhsel!« rief eine ferne Stimme, man hörte Musik und Gelächter, man hörte ein Mädchen kreischen. Es war also keine Polizei, Gott sei Dank! Und mit meinen Söhnen konnte der Anruf auch nichts zu tun haben, denn die waren, wie ich registriert hatte, als sie wie Elefanten durch den Korridor trampelten, kurz vor zwölf nach Hause geschlichen gekommen. »Hallo, ist dort wer, hier ist Puhsel!« rief es, und in mir löste sich etwas. Puhsel konnte nichts Böses bedeuten, Puhsel war ein Wohllaut fürs Ohr, es klang wie Kuscheltier oder Baumkuchen oder Fluhsel. »Hallo, Fritz?« rief Puhsel. »Hallo, Fritz, mach mal keinen Scheiß, sag endlich was!«

»Nein, Fritz sagt nichts, hier ist sein Vater!« antwortete ich.

»O je, hier ist Puhsel, Herr Conrad, o je!« rief es, und ich dachte, daß meine Frau, wenn sie erst mal aufgewacht war, nicht wieder einschlafen konnte. Puhsel? War das nicht der Ofensetzerlehrling, der sich immer die Schuhe an der Korridortür auszog, wenn er Fritz besuchen kam, der anständige Mensch mit den großen, blassen Ohrläppchen? »Herr Puhsel?« fragte ich etwas ungläubig.

»Ja, ich, Herr Conrad!« antwortete der Kerl. »Wer sollte

ich denn sonst sein? Ich hab bei Ihrem Sohn Fritz im Zimmer eine Plastetüte liegengelassen!« rief er, als ginge es um etwas sehr Wichtiges, einen dringenden Taucherhelm oder irgendwelche Geheimpapiere, und die Musik spielte, und das Mädchen kreischte. »Es sind so kleine grüne Frösche drauf!«

»Ich stehe in Unterhosen hier!« log ich. »In zehn Minuten bin ich dort, ich komme gerannt, Sie können den Beutel runterwerfen, dann stören die Unterhosen nicht!« flehte Puhsel. »Er kommt gerannt!« dachte ich gerührt und legte den Hörer auf. Dann schlich ich mich zu Fritz ins Zimmer, wo es nach Karnickel roch. Der Junge schlief wie ein Sack. Auf einem der Stühle lag die Plastetüte. Ich erkannte sie an den kleinen grünen Fröschen. Und die neun Stück Margarine, von denen mir meine Frau erzählt hatte, waren drin, Sahna, die billigste, neunundvierzig Pfennig das Stück, vier Mark einundvierzig zusammen, nicht mal ein Fünfmarkstück!

»Sieh da!« dachte ich, den Beutel beim Schlafittchen nehmend. Es war ein Uhr neunundvierzig. »In elf Minuten ist es zwei!« dachte ich, und Fritz legte sich gerade auf die andere Seite, wobei er ein angstmachendes Gurgeln ausstieß, die Geräusche eines Erstickenden. Hastig verließ ich ihn und ging ins Wohnzimmer.

Wozu benötigte ein Ofensetzerlehrling zwei Stunden nach Mitternacht im Stadtbezirk Prenzlauer Berg neun Stück Margarine? Am liebsten hätte ich das Zeug mit einer Stricknadel durchbohrt oder sofort vom Notarzt röntgen lassen! Neugierig öffnete ich ein Fenster. Draußen roch es nach chemischer Reinigung und Eiersalat. Oder kam der Eiersalat aus der Küche? Mich fröstelte. Vielleicht war Rauschgift in der Margarine? Dann ging ich austreten.

Als ich zurückkam, stand eine Taxe vorm Haus, und an der Wohnungstür klingelte es Sturm. Zwei Uhr neunzehn war's, mein Gott! Die Haustür unten war also nicht abgeschlossen gewesen! »Dieses Rindvieh von Puhsel wollte doch, daß ich die Plastetüte runterwerfe, man kann doch jetzt nicht klingeln!« dachte ich und öffnete.

Draußen stand er. Mit demütigem Lächeln und großen blassen Ohrläppchen. Hoffentlich zieht er nicht wieder die Schuhe aus! dachte ich. »Nun haben Sie sich doch was über die Unterhosen gezogen, Herr Conrad, das war doch nicht nötig!« japste er. Ich winkte ab. »Die Taxe wartet!« keuchte Puhsel. Er entriß mir die Plastetüte mit den kleinen, grünen Fröschen und sah hinein. Beim Anblick der neun Stück Sahna leuchteten seine Augen auf. »Vielen Dank!« stammelte er, wobei seine Brillengläser – vermutlich vor Erschütterung – beschlugen. »Vielen Dank«, winselte er und donnerte die Treppen hinunter. Wie die Posaunen von Jericho!

»Ein überraschendes Erlebnis!« dachte ich, und natürlich kam nun auch sofort meine Frau aus dem Schlafzimmer getaumelt. Erregt fuchtelte sie mir vor der Nase herum. »Es war Puhsel, der Ofensetzerlehrling«, beruhigte ich sie und bog meinen Kopf nach hinten, um keins von ihr ins Gesicht zu bekommen. »Er war mit der Taxe da, um die Plastetüte mit den neun Stück Margarine abzuholen, es war *seine* Margarine! Gut, daß es noch solche Menschen gibt!« Meine Frau stieß einen kehligen Laut aus, irgend etwas Urzeitliches.

»Das kann nur uns passieren!« bemerkte sie heiser und taumelte zurück ins Schlafzimmer, wo sie, wie ich es erwartet hatte, bis zum Morgen wach lag und stöhnte, und alles wegen neun Stück Sahna, neunundvierzig Pfennig das Stück, vier Mark einundvierzig zusammen, nicht mal ein Fünfmarkstück, das muß man sich mal vorstellen!

Ich will gestehen, daß mir diese Margarine in jener Nacht so wunderlich vorkam wie ein Huhn mit Euter. Endlich war meiner Frau wieder mal die olle, putzige Waldfee erschienen! Endlich war wieder mal was Positives los gewesen im Busch! Mit richtigen Augenrändern und heiserer Stimme saß sie am Frühstückstisch. Wie ein internationales Lebeweib! Seitdem kann ich diese etwas unansehnlichen Margarinewürfel im Kühlfach unserer Kaufhalle nicht ohne eine gewisse Rührung betrachten. »Puhsel«, denke ich, und Schauer laufen mir über den Rücken.

Ich habe einhundertvierzigtausend Billionen Vorfahren!

Neulich, als mein Bruder den Muskelfaserriß hatte und darum von Todesahnungen heimgesucht wurde, kam er mich vormittags besuchen. Ich hatte gute Laune, weil ich am gleichen Morgen zwei Schornsteinfeger gesehen hatte, aber nach zwei Stunden schon brachte ich meinen Bruder wieder zur S-Bahn. Meine Nerven hielten ihn nicht aus. Trotz der zwei Schornsteinfeger!

Auf dem Wege bemerkte ich, daß sich Paul mächtig anstrengen mußte, um noch glaubhaft zu humpeln. »Nimm dir ein Beispiel an Mama!« schimpfte ich, »die ist jetzt zweiundachtzig und singt immer noch jeden Tag ›O mein Papa‹!«

Mein Bruder stieß jenes widerwärtige Lachen aus, das ich schon als Kind gehaßt hatte. »Laß mich, du Gartenzwerg, ich bin nicht der muntere Seifensieder!« rief er. »Ich habe das Singen über dem Leben verlernt!«

Immer nennt er mich Gartenzwerg! dachte ich traurig und hätte ihn fast umarmt. Wie er mich mit seinen tragischen Glotzaugen musterte! Wo er 2072 Mark netto im Monat verdiente und erst im August den teuren Waschvollautomaten gekauft hatte!

Unsere Vorfahren waren doch allesamt regsame Menschen gewesen, gesund auf der Brust, starkbeinig und couragiert! Unsere Urgroßmutter Clementine Kottwitz beispielsweise häkelte bis zu ihrem beinahe fröhlichen Tode – sie starb mit neunundneunzig, als sie einige Kartoffelpuffer, die sie verspachteln wollte, mit Zucker bestreute – unentwegt Deckchen, runde und eckige. Die verkaufte sie zu stark überhöhten

Preisen an ihre Tochter Hedwig, von der sie aufopfernd gepflegt wurde. Daran erkennt man, wie frisch unsere Urgroßmutter im Kopfe war, sie ruhe in Frieden! In ihrer Umgebung soll es keinen Menschen gegeben haben, den sie nicht beleidigt hatte. Zum Pfarrer sagte sie beispielsweise, als der ihr zum Fünfundneunzigsten ein herrliches Blumengebinde brachte: »Ä Ring Knoblauchwurschd wär mor liebor gewäsen, Herr Basdor!« Und ihr eigener Urenkelsohn heulte mir hier vor, daß er achtundfünfzig Jahre alt war!

»In deinem Alter kommandieren andere Männer noch Schlachtschiffe!« rief ich. »Du vielleicht, du Militarist!« erwiderte mein Bruder und humpelte wie ein altes Pferd neben mir her. Mit achtundfünfzig Jahren! Da grub einer vom Tiefbau noch litfaßsäulengroße Löcher ins Trottoir! Und hatte Unterarme wie Oberschenkel!

Aber Paul betete ja neuerdings vorm Einschlafen! Elvi hatte es mir gebeichtet. Es hätte ihm bei seiner letzten Gallenkolik geholfen, sagte Elvi. Das war zwar ein Argument, ich mußte mich aber trotzdem setzen. Wo er doch früher schon mal dieses Augenzucken hatte. »Dabei hat er zwei Rotkreuzlehrgänge hinter sich!« seufzte Evi.

»Mein Gott, wer von uns betet nicht mal!« tröstete ich sie, weil ich daran denken mußte, daß sogar mein Fahrlehrer, ein äußerst abgebrühter Mensch und, was seine Flucherei anging, ein Gotteslästerer ersten Ranges, immer neben mir im Auto gebetet hatte.

»Viele Großtuer beten, Elvi«, erklärte ich meiner armen Schwägerin. »Sie tun's vorsichtshalber!«

Elvi nickte. »Zudem ist es«, setzte sie hinzu, »bei den heutigen gewaltigen Einwohnerzahlen sowieso eine unsichere Sache, speziell in den Großstädten, da höre mal einer, selbst wenn er der liebe Gott ist, einen raus aus dem Krach!« Trotzdem teile Paul dem lieben Gott regelmäßig vorm Einschlafen, wenn sie gerade im Bad wäre, mit singender Stimme mit, gestand mir Elvi, daß er beispielsweise das Kribbeln in den Füßen nicht mehr hätte, und sein selbstherrlicher Chef möchte bitte ein Furunkel am Gesäß kriegen – und dann würde er den lieben Gott flüsternd fragen, warum er nicht hübscher sei und immer was hätte? Und ob er es bereuen müsse, daß er seinen Kollegen Pössel überall schlecht gemacht habe? Zuletzt aber, sagt Elvi, bitte Paul immer um möglichst viel Geld, wobei der dumme Kerl dem lieben Gott vor dem Amen stets seine genaue Kontonummer bei der Berliner Sparkasse angebe, obwohl sie achtzehntausend Mark zu fünfeinhalb Prozent angelegt hätten. Und die Todesanzeigen in den Zeitungen lese er seit seiner vorletzten Gallenkolik ebenfalls mit immer größer werdendem Vergnügen. »Bald wird er bei Beerdigungen lachen, paß mal auf!« sagte Elvi.

An diesem Tag war ich ganz bestürzt von Pauls Verhalten. Wo er früher so gut am Barren war und wir dieselben Eltern hatten, was dachte er sich eigentlich dabei? Richtig unheimlich wurde er mir mit seinen Nagezähnen, ich begriff plötzlich die Ursprünge der Draculageschichten. Nicht mal Papas lange schlanke Nase hatte er geerbt, sondern den fleischigen Kottwitzriecher wie ich. »Mein Gott, machst du ein Gesicht!« sagte ich. Mein Bruder machte sofort ein noch schlimmeres Gesicht. Und ich hatte früher mal in einem Bett mit ihm geschlafen! »Als ehemaliger Filmvorführer solltest du das Leben kennen!« rief ich.

»Eben!« stöhnte mein Bruder und begann, mir die Schuld an seinem Alter und dem Muskelfaserriß zu geben.

»Nu, nu, nu!« sagte ich, aber Paul drohte mir mit den Fäusten und humpelte schimpfend die Treppe zur S-Bahn hinunter.

Kopfschüttelnd machte ich kehrt. Als Junge hat er vorm Einschlafen *Glückskäferchen reist um die Welt* und *Viel Spaß hat dran, wer lesen kann* gelesen und nicht gebetet! dachte ich melancholisch, und die Tauben liefen mit wackelnden Hintern auf dem Trottoir hin und her. Pfeffrig war die Luft von alten, vergammelten Blättern, duster war der Vormittag, aber in den Kaufhausschaufenstern lagen schon lauter kleine, tröstliche Tannenzweige zwischen Waschmittelpaketen, teure Heimat! Gleichmütig betrachtete ich mein Spiegelbild: ein fetter, fremder Kerl!

Sie dekorieren immer früher für Weihnachten! dachte ich. Sie dekorieren so früh, daß sie eigentlich schon für Ostern dekorieren müßten! Gar nicht mehr freuen konnte ich mich über die zwei Schornsteinfeger vom Morgen!

»Wärst besser zur Müllabfuhr gegangen!« hatte mein Bruder gehöhnt, als ich ihm von einem Leser aus Brieselang berichtete, der mir geschrieben hatte, daß er noch einmal durch meine Geschichten verblöden würde, vorher käme er aber nach Berlin, um mich zu erwürgen. Ein unmusischer Mensch, ein Intellektueller!

Traurig dachte ich an meinen Freund Harry, den Komiker. Als der am Operettentheater in Dresden-Leuben engagiert war, stießen sich die Leute bei seinem Anblick an und wieherten. Wie er sich dann im künstlerischen Übermut und Erfolgstaumel auf der Bühne das Bein gebrochen hatte und mühevoll auf Krücken einkaufen ging, sagten sie gekränkt: »Nu guggdor ni mähr komisch, nu guggdor ärnsd, där aldä Flaumnaugust!«

»Einem Komiker nimmt man sogar übel, wenn er stirbt!« behauptet mein Freund Harry, und vermutlich stimmt das. Außerdem weinten die Menschen wahrscheinlich lieber, als daß sie lachten. Weinende Menschen streichelte man. Auch weinende Hunde. Selbst weinende Schweine. Ich glaube sogar, wenn die Schweine in ihrer Schweineentwicklungsgeschichte früh genug zu weinen angefangen hätten, hätte man nie damit begonnen, sie aufzuessen! Und weinende Menschen, die lachende Menschen zum Weinen brachten, streichelte man erst recht.

Aber die Menschen, die weinende Menschen zum Lachen brachten, wurden nie gestreichelt. Die wurden zu Idioten erklärt!

»Hoffentlich irre ich mich wenigstens hierbei!« dachte ich, obwohl man mich zwar im Bett, aber noch nie in der Öffentlichkeit gestreichelt hatte. Manchmal bin ich deswegen extra auf der Weidendammer Brücke stehengeblieben, habe leise meine Gedichte rezitiert oder etwas gesummt: *Mädel, ruck ruck ruck an meine grüne Seite* etwa. Aber niemand ruckte. Höchstens, daß mir eine Möwe auf den Kopf schiß!

So ging's zu. Man erkannte es leider erst, wenn man ein alter, grauer Vogel war. Als Kind hat man ja pausenlos mit dem Kindsein und der folgenden Pubertät zu tun und kann es kaum erwarten, einen Bartwuchs zu kriegen. Da wollte ich Raumschiffkapitän werden und der erste auf der Venus. Schon wegen Nachbars Gittchen, die hatte so kleine Brüste und so geliebte Zöpfe. Ich war immerzu in Angst, weil die Kindheit so langsam machte, und ich vielleicht dadurch das erste Raumschiff versäumte oder irgendwelche anderen Eierköpfe vor mir auf der Venus landeten und berühmt wurden. Dann war's aber doch anders gekommen. Mit der Venus und mit allem. Einen Dreck verpaßte man, höchstens sich selbst oder Nachbars Gittchen!

Daran dachte ich beim Nachhausegehen, und die Spatzen sahen wie unrasierte Spatzen aus, frisch blies der Wind, sackig war der Himmel, und mein Kamerad Fiete Butthold war nun auch schon tot, ach, herrje! War vielleicht zum Leuchtturm geworden, was? Ich hatte zwar noch zehn Jahre bis zur Rente, aber was waren zehn Jahre an diesem Vormittag? Ich dachte daran, daß ich in der »Bibliothek der Unterhaltung und des Wissens« gelesen hatte, daß die Anzahl unserer Vorfahren, wenn man nur die von Vater zu Vater nimmt, von Beginn der Zeitrechnung an etwa dreiundsechzig Männer beträgt, das sind, stellt man sie nebeneinander, noch nicht einmal fünfzig Meter Opas! Weil der Mensch aber stets alles haben will, will er auch alle seine Vorfahren haben, und damit wird's imposant, denn es vergrößert sich die Anzahl gewaltig, und man hat alles in allem, wenn sich die »Bibliothek der Unterhaltung und des Wissens«, Jahrgang 1912 oder 1903 (oder war's 1907? – ich finde den verfluchten Band nicht!) nicht irrt, von Beginn unserer Zeitrechnung an einhundertvierzigtausend Billionen Vorfahren, und wenn's achtzigtausend Billionen oder gar einhundertneunundreißigtausend Billionen weniger wären, wär's immer noch reichlich. Mehr jedenfalls hat die Königin von England auch nicht – nur mehr geerbt von ihren Vorfahren!

»Ich habe einhundertvierzigtausend Billionen Vorfahren, da wird der Himmel aber schon voll sein!« rief ich, als ich aufgesperrt hatte, erfreut in die Wohnung hinein. *Birr!* kam unsere dicke Katze angesprungen und rammte mich zärtlich mit dem Kopf. *Birr!* sagte sie entzückt und strich mir um die Beine. »Alle Vorfahren wegen mir, Mieze!« rief ich. *Birr!* sagte unsere dicke Katze und strich mir so leidenschaftlich um die Beine, daß ich stolperte und wegrutschte und mir die Daumen stauchte. »Mistvieh!« schrie ich. »Kuh, elendigliche, Oberkuh, abschaffen werden wir dich, Pferdewurst aus dir machen lassen!«

Hierauf blieb mir nichts anderes übrig, als die zu Tode gekränkte dicke Katze auf den Arm zu nehmen und Schmeichelworte auszustoßen. Dabei machte ich mir, indes es von unten aus der Kneipe nach Erbsensuppe duftete, einen Mokka, in dem der Löffel stand und ein wunderliches Herzklopfen auf mich wartete. So übel war das verdammte Leben nun auch wieder nicht, das erzähl mal deinem Muskelfaserriß, mein lieber Paul, du alte, traurige Rübe! So übel war es wirklich nicht, selbst wenn man kein dickwandiger Mensch war und viel zu oft den Schwanz einzog. »Na denn, lieber Gott«, seufzte ich, »leg mal den Riemen auf die Orgel, wir wollen tanzen!«

Die grüne Kuh des Geflügelzüchters

»Du hast wohl nicht mehr alle gestreiften Murmeln im Sack?« fragte heute vormittag im Fernsehen ein schlitzmäuliger Gangster, ein richtig böses Aas, seinen erstaunten Komplizen, worauf ich mich vor Lachen so verschluckte, daß ich wie einst in meiner Karo-Zeit eine halbe Stunde lang husten mußte. Danach war ich so unsicher an mir geworden, daß ich das Fernsehen abschaltete und mich in meinen grünen Ohrensessel setzte.

Dort versuchte ich, an aufbauende Dinge zu denken, wobei mir leider nur immer wieder der Satz »Ach, hab ich mich verschluckt!« einfiel. Später mußte ich wohl eingeschlafen sein, denn gerade, als mir auf dem Dach des Hotels Kempinski immer wieder niederkniende Lesermassen Blumensträuße und Präsentkörbe überreichen wollten, weckte mich das Telefon.

Weil ich noch einige Wunder erwarte und mir das auch nicht von irgendwelchen Zynikern kaputtmachen lasse, sprang ich auf und riß den Hörer ans Ohr. Es war aber nur Frau Wiedehahn von unter uns, die mir beleidigt erklärte, daß es von unserem Balkon auf ihren tropfe. »Bei uns tropft's auch, Frau Wiedehahn, der liebe Gott wird schwitzen, seinse froh bei der Trockenheit!« sagte ich und setzte mich an diesem kochenden Hundstag im August an meinen Schreibtisch, um wenigstens einige Sätze Literatur (oder wie man das nennen will) niederzuschreiben, eine kleine Abrechnung mit der roten Vergangenheit sozusagen. Leider konnte ich mich nur auf den Satz »Ich kann mich nicht konzentrieren!« konzentrieren, ich hatte es geahnt. Aber sogar Dr. Prossel, der berühmte Arzt, der mir den eingeklemmten Bruch operiert hat, gestand mir letztens, als ich ihn in der Friedrichstraße fast übersehen hatte, daß auch er mit den Jahren unkonzentriert werde – und bei Hitze sowieso! –, worauf ich mir schwor, Dr. Prossel nicht einmal mehr mit der Puppendoktorschere an mich heranzulassen.

Trotzdem war es sehr erfreulich, daß mir der Doktor dann noch als belehrende Zugabe die Sache mit der unkonzentrierten Kuh erzählte, eine urkomische Geschichte von einer grünen Kuh, die ganz wild auf Heidelbeeren gewesen sein soll, ein von Dr. Prossel noch vor der Wende selbsterlebtes Beispiel für Unkonzentriertheit. Vielleicht sollte ich bei dieser Hitze gar nicht damit anfangen, wobei ich daran denken muß, daß auch ich, wenn es so warm wie heute ist, manchmal den Duft von Heidelbeeren in der Nase habe. So wie sie einst in die Welt hinausrochen, aus dem von der Sonne durchwärmten Emailletopf mit den abgesprungenen Stellen, in den ich sie sammelte. Wenn man beim Blätterherauspusten mit der Nase darüberhing, roch man sie: Süß, heidelbeerig und ein wenig blechern stieg es mit der Wärme des Emailletöpfchens in die Nase hoch, und man ahnte einen Herzschlag lang, daß so das Glück roch.

O verdammt noch eins, wo gibt's euch noch, ihr Heidelbeeren meiner Jugend und ihr Mütter in den Wickelschürzen, die über die zerquetschten Dinger zu Hause in ein großes erfreutes Staunen ausbrachen? Ich denke auch nur daran, weil Dr. Prossels grüne Kuh wild auf sie war und ich als Kind im Krieg mit vorgestreckten Händen in einen Wassereimer voll mühselig gesammelter Heidelbeeren hineingefallen bin. »Jetzt kriegst du's aber!« hatte der Pflücker, mein armer, von Bremsen zerstochener Vater, durch die sächsischen Wälder gebrüllt und war mir nachgestürzt. Ich aber, mit hocherhobenen dunkelblauen Pfoten, brüllte noch lauter als mein Vater, war aber glücklicherweise auch schneller, obwohl er immerzu brüllte: »Bleib stehen, bleib stehen!«

So weit kann's auch ohne grüne Kuh kommen, was erst gestern wieder die alte Frau Kowallke aus unserer dritten Etage bewies, als sie auf dem Balkon nach ihrer Freundin, der alten Frau Wille, Ausschau hielt und ihre neue untere Vollprothese aufs Trottoir hinunterspuckte, weil sie »Huhu!« rufen wollte und plötzlich dachte, sie hätte was Fremdes im Mund, einen jungen Vogel, der sich verflogen hatte, wie sie sagte, oder irgendein hartes Ei!

Vermutlich wird so etwas während der Hundstage von unserer Prenzlauer Allee hervorgerufen, auf der pausenlos tieffliegende Mähdrescher dahindonnern. Jede Klosettspülung aus Kaiser Wilhelms Zeiten ist ein Waldquell dagegen, aber Dr. Prossels grüne Kuh nimmt es durchaus mit der alten Frau Kowallke auf, denn 1987, in der tiefsten DDR noch, als der Geflügelzüchter Mostbauer aus Biesenthal drei Tage vor dem Spartenfest der Kleingartenanlage »Blühendes Leben« eine bis dahin namenlose Kuh mit Eierfarbe – jetzt muß ich unterbrechen, weil jemand Sturm an der Korridortür läutet!

Es war meine Tochter, die mir »für ein Viertelstündchen« meine Enkelkinder Franz und Bienchen brachte. Franz hatte eine aufgepustete Plastetüte zwischen den Beinen und stieß grauenhafte Geräusche aus. Dem Jungen würde noch mal der Kopf platzen! Warum war meine Frau dann gerade bei Frau Lohber?

»Otta!« wimmerte Bienchen. »Otta!«

»Ja, mein Herzenskind, Opa!« erwiderte ich.

»Nee, nicht Opa, sie will was zu saufen!« erklärte mir Franz und ließ die Plastetüte fahren. Hierauf biß er die Kernseife in der Küche an und dann die Katze, die das aber gewöhnt war, denn Franz beißt schon seit Jahren an. Letztes Wochenende erst, weil sie im Kindergarten keine haben, wie er sagte, die Zierkürbisse meiner Frau, die gerade mal wieder bei Frau Lohber war, sechsunddreißig Stück! Überall kleine Zahnspuren – wie bei den sieben Zwergen oder den Mainzelmännchen.

»Seid schön lieb, Goldkinder!« sagte ich und setzte mich, denn nun, wo die Kraft der Kinder um mich war, fühlte ich den Mut in mir, Dr. Prossels grüne Kuh zu verarbeiten. Wenn ich bei der Hitze damit klarkomme, werden Sie etwas fürs Leben davon haben, werte Leser, obwohl es damals eigentlich völlig normal, wie Dr. Prossel berichtete, mit Bruno Wahsner anfing, einem ausgemergelten Feinblechner in Rente, der oben nur noch vier Zähne hatte, die aber die Lücken, die sie bildeten, durch einen raffinierten Kreuz- und Querwuchs so ausfüllten, daß sie wie mindestens acht Zähne aussahen, eine geschickte Streuung eben, ein Beispiel für den damaligen Handel, die reinsten spanischen Reiter! Man sah es aber nur, wenn Wahsner lachte, was er jedoch damals als ehemaliger hauptamtlicher FDJ-Sekretär ziemlich oft tat beziehungsweise eigentlich immer, getreu dem Motto »Wir sind jung, die Welt ist schön!«, sagt Dr. Prossel.

Dieser alte Strahlemann nun mit dem Potemkinschen Dorf im Mund, ein Skatbruder des Geflügelzüchters aus Biesenthal, hatte versprochen, sagte der Doktor, für ihn einen linken Kotflügel handzuhämmern, weil er, um sich nach größeren Operationen nicht immer nur an Bockwürsten und der BZ AM ABEND erbauen zu müssen (eine politische Anspielung damals!), einen Oldtimer aus dem Jahre '36 erworben hatte, ohne linken Kotflügel, eingetauscht gegen dreihundertsiebzig fast neuwertige Fliesen, gesprenkelt wie Kiebitzeier, die er von einem vegetarischen Damenschneider aus Mecklenburg für zwei Dutzend neue Fahrradspeichen genau an dem Tag erhielt, als er in den Urlaub fuhr und aus einer unerklärbaren Eingebung heraus seine Arzttasche mitnahm – jetzt läutet's erst mal wieder, Gott sei Dank!

Es war Jörg Wiedehahn von unter uns! Er habe es am klirrenden Kronleuchter gemerkt, sagte er, daß unser lieber Franz da sei, ob er auch mit von meinem Schreibtisch springen dürfe? Ich nickte gutmütig, weil Frau Wiedehahn sowieso schon mit dem Besenstiel gegen die Decke wummerte. Nachdenklich setzte ich mich wieder hin, denn daß ein gelernter Chirurg wie Dr. Prossel damals in der tiefsten DDR im Urlaub mit seiner Arzttasche in die Heidelbeeren zu einem weinenden Geflügelzüchter gerufen wurde, der eine grüne Kuh, die ein blaues Maul hatte, an der Leine führte, das war zwar ungewöhnlich und nicht DDR-typisch – und nun klingelt's wieder, was mir ganz recht ist bei dieser Geschichte!

Der dicke Kurzhübel von gegenüber war's, ein Kind, bei dessen bloßem Anblick man schon Tränensäcke bekommt! Er suche Jörg Wiedehahn, japste der Junge mit heraushängender Zunge. »Folge mir, du Sorgenkind!« sagte ich und begann nach kurzem Sitzen ein wenig zu wimmern, denn das war klar, daß ich mit Dr. Prossels grüner Kuh und der Vergangenheit nicht klarkommen konnte, wenn mir meine Enkelkinder weiterhin Pellkartoffeln auf dem Kopf zerdrückten wie gerade jetzt – hier muß ich glücklicherweise schon wieder unterbrechen, weil der dicke Kurzhübel unter meinem Schreibtisch die Katze anbellt!

Aber wann eigentlich, geht mir gerade auf, soll der dicke Kurzhübel die Katze sonst anbellen? Als Erwachsener kann er nicht, und als Kind darf er nicht! Wann soll er die Katze anbellen? Ich komme aus einer Gegend, wo der Nebel an den Sommerabenden in den Tälern wabert und frühmorgens das Gras schlohweiß vom Tau ist, das macht eine frische Seele! Ich habe in meiner Jugend vor Freude wie ein Vieh gebrüllt, heute bin ich oft traurig, denn es kotzt mich an, alle nur nach Geld gieren zu sehen, aber ich liebe das Flaschenbier und die Bachstelzen, darum bell die Katze hier und jetzt an, Krummbügel, du Sauhund!

Vermutlich sind die Kinder so ausgelassen, weil sie in der

Küche den Käsekuchen aufgespürt haben, was? Franz stopft mir nämlich gerade welchen mit kleinen Zahnspuren in die Nasenlöcher, wobei mir sein Freund Wiedehahn die nackten Füße mit Plakatfarbe anmalt: gelb, rot und blau, ganz hübsch! Sie beißen mir sogar in die Waden, die Himmelhunde, und nicht mehr der dicke Kurzhübel bellt jetzt die Katze an, sondern die Katze bellt jetzt den dicken Kurzhübel an, und ich kann mich nicht mehr darauf konzentrieren, ob Dr. Prossel diesem Wahsner, dem gesprenkelten Feinblechner aus Biesenthal, außer den zwei Dutzend Heidelbeeren auch noch den fast neuwertigen Geflügelzüchter ohne linken Kotflügel für den Oldtimer voll Fahrradspeichen gegeben hat oder nur die dreihundertsiebzig handgehämmerten Kiebitzeier des Damenschneiders mit den Eierfarben?

Ich kann mich nicht mehr darauf konzentrieren, denn nun drehen sie mir auch noch kleine rosa Schweinchen aus Knete in die Ohren, jetzt pfeife ich auf Dr. Prossels grüne Kuh und die Vergangenheitsbewältigung, weil ich nämlich erstens nasal spreche und das zweitens wegen der Schweinchen in den Ohren nicht mehr hören kann, das haben Sie jetzt davon! Aber ich hab's gewußt, daß man bei dreiunddreißig Grad Hundstagshitze jede Art von grüner Kuh und roter Vergangenheit meiden soll, ich hab's gewußt, ich Rindvieh, warum mußte ich da zu schreiben anfangen? Nun spüren Sie es mal am eigenen Leibe, werte Leser, wie man am Schreibtisch in etwas hineinschlittern kann!

Mit den Vögeln in den Zweigen, werte Beteiligte!

Gestern haben sie die Linde an unserer Ecke um einen Kopf kürzer gemacht und in Stücke zerschnitten, Fräulein Pitcherlich! Ein schwarzer Tag! Glücklicherweise haben wir mehrere Linden vorm Haus stehen, denn die Prenzlauer Allee war einst – heute sieht sie schon zahnlückiger aus – eine von Linden gesäumte Straße. Allein vor unserem Haus standen drei dieser vielleicht ein wenig dummen, aber angenehmen Bäume. Dreimal soviel wie am Brunnen vor dem Tore, Fräulein Pitcherlich! Nun sind's nur noch zwei, denn mein Nachbar Sawatzke holt sogar seine Zigaretten mit dem Auto. Wo unsereiner höchstens mal ein paar Pfund Kartoffeln damit anfährt.

Aber ich will nicht rechten, es steht mir nicht zu, auch ich habe Fehler – wie zum Beispiel zu große Ohrläppchen. Jedenfalls ist unsere Ecklinde krank geworden. Wir dachten erst, es ist der Herbst, als sie im letzten Jahr Blätter wie aus Toilettenpapier und Blätter wie tote Zitronenfalter bekam, aber es war im Juni, wo kein Herbst ist. Und in diesem Jahr blieb sie völlig kahl. Darum sind sie nun gestern gekommen, drei Mann, mit der Motorsäge und einer Ausfahrleiter, ganz modern, neuester technischer Stand. Oben haben sie angefangen, an der Spitze, wo einst die Drossel sang, und es ging schnell abwärts. Ich hätte wochenlang daran sägen müssen, obwohl einer der Männer – vermutlich infolge der Motorisierung – einen noch dickeren Wanst hatte als ich. Meine Frau, die Klara, die alles durchs offene Fenster beobachtete, rief dauernd etwas zu mir herein. »Och«, rief sie, »jetzt sägt der

Dicke die Astgabel ab, in der immer die Ringeltauben gebrütet haben!« Oder »Och, jetzt schneiden sie den Stamm in lauter Scheiben – wie Bierschinken!«

»Es gibt noch mehr Bäume auf Erden, mein Gott, Klara!« erwiderte ich, weil ich dieses neumodische Baumgejammer von Laien nicht ausstehen kann. Manche Menschen stört es ja schon, wenn der Specht an die Rinde klopft! Bäume sind schließlich aus Holz, und Holz diente sogar zur Beschimpfung von Menschenköpfen! Wo ich mir doch gerade, um nicht übermütig zu werden, die Tagesnachrichten im Fernsehen ansehen wollte! Aber nun zog's zum Fenster herein, und die Welt zitterte. Weil die Prenzlauer Allee eine der lautesten Straßen der Erde ist! Nur meine Söhne waren früher lauter, Herr Ofensetzermeister!

»Och, jetzt haben sie alles zersägt, armer Baum!« rief meine Frau.

»Bäume können nicht arm sein!« stellte ich fest, und die Prenzlauer Allee dröhnte wie das Jüngste Gericht, und im Fernsehen machte einer ein schlaues Gesicht und bewegte den Mund, und unsere Katze, die wie eine Galionsfigur auf dem Fernseher saß, guckte mich an. Sie tat es weder erwartungsvoll noch bittend, sie tat es bewegungslos und unablässig. Es war, als guckte mich der Fernseher durch die Katze an. Ein Gucken ohne alles war's, man vergaß die Katze darüber, es war beinahe schon die Quintessenz eines Guckens, ein Paradebeispiel für Nur-Gucken.

Mit zwei riesengroßen aufgerissenen Kulleraugen, wie Pupillen in Aspik, und eigentlich war's zum Verrücktwerden, weil ich es nicht ertragen kann, wenn mich wer anguckt, wenn ich was angucke. Oder könnten Sie's vielleicht ertragen, wenn Sie der Fernseher beim Fernsehen pausenlos angucken würde? Machen Sie sich das mal klar!

»Och, die schöne Linde, och!« sagte meine Frau und machte das Fenster zu.

»Was wissen wir von den Bäumen!« erwiderte ich, wobei mir aber auch sofort eine Menge über Bäume einfiel. Melancholisch schaltete ich den Fernseher aus. Selbst das größte Rindvieh weiß etwas von den Bäumen! Aus Bäumen stellt man beispielsweise dicke Holzstricknadeln und altmodische Stopfpilze her. Bäume sind Mode, weil sie die menschliche Seele laben und gefährdet sind. Bäume sind ein Paradebeispiel für die Umweltverschmutzung und die Liebe des Menschen zur Natur. Vermutlich interessieren sie sich trotzdem nicht für uns. Aber ich mich für sie! Ich hatte sie schon als Kind geliebt! Wie oft war ich besoffen gewesen vom mächtigen Harzgeruch der gefällten Kiefern. Wie oft hatte ich die proppevollen Apfelbäume umarmt. Aber nun heißt es, daß man Angst um die Bäume haben müsse. Sogar die Holzfäller sagen manchmal schon nachdenklich: »Ja, ja, die Bäume!«

Wo man doch weiterhin Kasperköpfe, Wäscheklammern, Ehebetten, Brennholz und Särge aus ihnen herstellen muß! Und Holzautos! Früher wurden aus Holz sogar Heilige gefertigt, von denen immer noch große Vorräte zu existieren scheinen. Spendable Bäume! Das Birkenhaarwasser gegen die Schuppen liefern sie, und die Vögel bauen ihre erfreulichen Nester darin. Und dann singen die Vögel so schmetternd, daß die Blätter zu beben beginnen. Dann ist Frühling, wie schön! Für grünen Salat eignen sich die Blätter trotzdem nicht. Höchstens seltsame Tees für seltsame Krankheiten kann man daraus brauen. Meist schwitzt man dann aber nur wie ein Affe. Und nach dem Krieg wurden die Blätter von verzweifelten Männern in der Pfeife geraucht. Ihr eigentlicher Lebenszweck ist jedoch die sogenannte Assimilation, durch welche die Luft in meiner Prenzlauer Allee gereinigt wird, was sie auch nötig hat.

Woraus die Blätter bestehen, weiß ich nicht. Ich lehne auch jede Diskussion darüber ab. Im Herbst verliert sie der Baum sowieso. Früher, als ich ein kleiner Junge war, konnte man dann im Laub kopfstehen und sich kugeln. Heute schreit die hygienische Mutter: »Wirf weg, du Ferkel!« Nicht mal zum Hineinbeißen kommt das Kind. Wie soll es dann auf den Geschmack der Natur kommen und auch mal was ausspucken lernen, Kollegin Lewandowski, werte Alleinerziehende? Außerdem werden die abgefallenen Blätter sowieso sofort abtransportiert, denn der neuzeitliche, grippeschutzgeimpfte Mensch kann keine welken Blätter in seiner Umgebung vertragen. Kaum sind sie unten angekommen, harkt er sie, damit sie sich nicht im gestutzten Privatgras festkrallen, wie ein Rasender zusammen und kippt sie über den Zaun aufs Nachbargrundstück oder in den kommunalen Straßengraben.

»Bis auf die Baumringe sollte man eigentlich alles zuzementieren!« sagt mein Nachbar Sawatzke, der seinen wertvollen, semmelfarbenen Wagen unter einer Linde vor unserem Haus parkt. Hierauf gesteht er mir, daß er statt der Linde lieber eine Garage dort hätte. »Wenn's regnet«, sagt er, »regnet's aus der Linde so klebriges Zeug und olle Blätter auf den wertvollen Wagen, wer putzt ihn mir dann? Die Linde doch nicht, Kollege!«

Das trifft zwar zu, aber Sawatzke hätte dabei bedenken müssen, daß Garagen nicht assimilieren. Außerdem sollte gerade er, der Orchestermusiker ist, die Bäume respektieren. Schon aus Selbsterhaltungsgründen! Schließlich haben sie dem Stradivari das Holz für die Geigen geliefert. Was wäre die Musik ohne Bäume?

Ein Platzkonzert, Fräulein Pitcherlich, eine Janitscharenoper in Blech! Was wäre Sawatzke ohne Bratsche?

Ich weiß es nicht, denn Sawatzke reicht auch so, obwohl man ihm seine Bratsche manchmal auf den Kopf hauen möchte. Wo selbst Taktstöcke aus Holz sind!

»Ohne Bäume würden Bratschen und Menschen aussterben, vielleicht sogar Sawatzke!« dachte ich und streichelte meinen Schreibtisch. Auch er war ein ehemaliger Baum. Eine sächsische Kiefer, liebe Freunde! Wenn ich die Nase darauf drücke, duftet die Landwehr bei Leppersdorf, ich bilde es mir jedenfalls ein!

Dann ging mir auf, daß wir, die mit Verstand begabten Menschen und Nichtbäume, uns den Bäumen gegenüber wie Holzköpfe benehmen. Bäume sind zwar keine Menschen, wie manche Menschen annehmen – sie haben ja nicht mal Ohren! –, aber was für Butterbirnen beispielsweise wuchsen an ihnen, was für goldene Klumpen voller Saft. Und in der Pflaumenzeit wuchsen auch Pflaumen an den Bäumen, richtige Pflaumen wie am Obststand gegenüber dem Bahnhof! Und die kleinen, grünen Fichtennadeln fürs Fichtennadelsektfußbad wuchsen daran. Darum Obacht, Kollegen, gestern schien die Sonne auf eine zersägte Linde! Nur fünf Meter höher hatten die Ringeltauben kleine, komische Eier ausgebrütet – jedes Jahr im Frühling, wenn die Lindenkronen aussahen wie hellgrüne Ballons, die gern davongeflogen wären.

Und unsere Katze saß immer noch mit aufgerissenen Porzellanpuppenaugen auf dem Fernseher. Wie ausgestopft! »Komm, Klara, fahren wir in die Pilze, die Katze macht mich verrückt!« sagte ich, und wir fuhren. So war's, mitten im Oktober, die Eichen der 109 standen in roten Herbstflammen.

»Mein Gott, so was Schönes kann man ja gar nicht mit Geld bezahlen, Papa!« sagte meine Frau dazu.

»Sag nicht Papa zu mir, Klara!« knurrte ich, denn ich mußte gerade an eine englische Kurzgeschichte denken, in der die Bäume schreien konnten.

Sie hätten Grund dazu! dachte ich, und meine Frau, die Klara, bog rechts ab, fuhr ins märkische Heidekraut hinein, wo schon drei Autos auf der Lichtung standen.

»Diese Unverschämten! Fahren den Pilzen bald auf die kleinen Füße mit ihren Miefkisten!« schimpfte meine Frau, und dann stiefelten wir richtig zu Fuß los, stießen mit dem

Pilzkorb in unseren Holzreichtum vor, in unsere grüne Lunge, wo die Weihnachtsbäume thronten, manche etwas angerostet. Wir atmeten ein, wir atmeten aus, und als man fast keine alten Blechdosen mehr sah und als es im Wald beinahe nur noch nach Wald roch, begann ich mich zu fragen, ob wir Menschen nicht vielleicht doch etwas zu menschlich mit unseren Bäumen umgingen, werte Beteiligte und liebe Klara? Vielleicht sollten wir, wie mein Bruder Paul sagt, die Bäume endlich mehr wie Bäume behandeln, oder? Nicht wie solche natürlich, die wir in Form unseres zugegebenermaßen ziemlich wertvollen Biedermeierschrankes oder der herrlichen neuen Schrankwand mit Knoppkes Möbelglanz zu polieren pflegen, sondern wie die Bäume, die unsere Erde wohnlicher machen, die gleichmütigen, grünen, lebendigen, nicht unempfindlichen Bäume mit den Vögeln in den Zweigen und der Assimilation in den Blättern und dem beruhigenden Rauschen in den vielen schwarzen Nächten, wo uns der Teufel holen will oder das schlechte Gewissen plagt.

Nischt klappt!

»Ich krieg noch mal was am Kopp wie Hölderlin!« dachte Siegfried Britzmann mürrisch. Wenn er schon sah, wie sie hier in ihren weißen Kitteln hin und her liefen! Fortwährend lief jemand hin und jemand her in dieser Gemeinschaftspraxis, aber ihn ließen sie sitzen. Dazu der knackende Lautsprecher: »Knack, Frau Pulowsky, bitte! Knack!« Dann sahen alle hoch, als wären sie Frau Pulowsky. Wie jemand überhaupt Pulowsky heißen konnte bei dieser Knackerei!

»Mir platzt noch mal was!« dachte Siegfried Britzmann und bewegte unruhig das Gesäß, wobei sein Stuhl aufdringlich zu knarren begann. Wenn er nicht stille saß, knarrte dieser Plaststuhl wie ein alter Vogel los! »Sogar die Stühle beschweren sich hier!« sagte er zu dem glatzköpfigen Kerl, der ihm gegenübersaß.

»Ja, hier setzt man Schimmel an!« nickte der Glatzkopf.

Ist ja schon gut, du alte Speckschwarte! dachte Siegfried Britzmann, der noch ganz nervös von Silvester war, wo Kriesebaums in der Wohnung über ihm stundenlang mit dem Lied »Schützenliesel, du hast mir das Glück gebracht« herumgestampft waren. Dazu hatten sie pausenlos in die Hände geklatscht, die Viecher!

Warum bin ich nicht im Wald? dachte Siegfried Britzmann und musterte die wartenden Leute. Alles Knaller! Die waren jetzt noch apathischer als zu DDR-Zeiten! Merkten die nicht, daß dieser Raum total überheizt war? Das war ja wie früher, wo das hier noch Poliklinik war! Oder war das schon der sogenannte Treibhauseffekt? Dann konnten sie vor dieser

Arztpraxis bald Ananas anpflanzen! Warum mußte er aber auch gerade an diesem schwermütig machenden Neujahrsmontag was am Bein kriegen? Selbst wenn bei ihm mal was klappte, klappte es nicht. Nicht mal der Winter klappte. Und auf der Probe hatte auch nichts geklappt. Nur immer rin in die Kartoffeln, raus aus den Kartoffeln! Sogar Ulli Marwitzke, ein fast krankhaft positiver Mensch und Protagonist, der beim Zutrinken immer »Auge!« sagte, damit man ihm dabei in die treuen Augen guckte – sogar Ulli Marwitzke war nach einer Stunde Probe so demoralisiert gewesen, daß er den Regieassistenten Kratzner ganz bitter gefragt hatte, ob man das nicht erst mal mit Tieren probieren könnte!

Siegfried Britzmann seufzte. Wenn er da an seine Anfängerzeit in Borna dachte, o Lebenslust! Wo sie einen so winzigen Etat hatten, daß sie nur die unförmigen, muskulösen schweren Tänzerinnen fürs Ballett engagieren konnten, weil die billig waren, wahre Brauereipferde, wenn auch wie Gold. Wie oft durfte er da als blutjunger Schauspieler einspringen, wenn in der Operette Volksmassen nötig waren und diese mächtigen Jungfrauen beim Csárdás hochgestemmt werden mußten, o Zigeunerland, eljen! Dann unterstützte er die Kollegen Tänzer beim Gewichtheben. Zu dritt hatten sie es meist geschafft, eine dieser Bomben hochzuhieven. Dann dröhnte die Pußta! Dann rauschte der Beifall! Das waren noch Zeiten des Saftes, obwohl's verdammt wenig zu fressen gab damals. Da war man aber noch ein Baum, trotz allem. Nur die älteren Tänzer, die ausgemergelten, faden, die nicht so oft von den Honoratioren der Stadt, dem Apotheker und dem Drogisten und dem Tierarzt, zum Essen eingeladen wurden, bekamen manchmal Schwächeanfälle auf der Bühne und brachen beim Hochheben zusammen. Das wurde aber meist gut überspielt.

Prüfend bewegte Siegfried Britzmann das rechte Bein und musterte den Glatzköpfigen. Dieser nickte ihm beinahe unterwürfig zu.

Ist ja schon gut, du alte Schwarte, kennst mich vielleicht von früher aus dem Fernsehen! dachte Siegfried Britzmann.

Glücklicherweise tat die Wade immer noch weh. Bei der Probe fing es plötzlich an. »Wie eine Stricknadel querdurch!« hatte er zum Inspizienten gesagt und war sofort in diese überheizte Arztpraxis gebraust. Vielleicht hatte er eine Thrombose? Da würde Trude aber Augen machen! Immerhin war seine Zeitungsfrau 1978 an Thrombose gestorben! Nicht mal das Ende der Mauer hatte sie abwarten können! Seitdem verzichtete er auf Zeitungen, las nur immer sporadisch, wenn einer in der Bahn auf dem Platz vor ihm in der Zeitung las, über dessen Rücken mit. Das reichte ihm über Jahre.

Nun aber war plötzlich mit dem Bein etwas Spannung in sein Leben getreten. Er war ja schon so weit gewesen, daß er sich über einen individuellen Durchfall gefreut hätte! Weil in der damaligen DDR nichts los war, nur immer der Ärger mit den Ersatzteilen. Oder wenn der Wellensittich vom Dackel aufgefressen worden wäre, darüber hätte er sich vielleicht dann auch gefreut. So pervers war er geworden, mein Gott! Doch der Wellensittich war altbacken, und er, Siegfried Britzmann, wurde höchstens mal hartleibig. Wenn der Wellensittich den Dackel gefressen hätte, das wäre vielleicht noch spannend gewesen, aber wo frißt schon mal ein Wellensittich einen Dackel! Das Leben bescherte ihm eben außer den permanenten Welt- und Menschheitskatastrophen und einer seit der Wende totalen Unsicherheit, von der er langsam die Nase voll hatte, nur Trudes ewiges Gemaule und rein gar nichts Erfreuliches. Und die Kunst, diese hochfliegende Kuh mit dem gewaltigen Euter, an dessen Zitzen so viele dialektische Eiertänzer und besoffene Propheten hingen, hielt auch nur Magermilch für ihn bereit. Da war doch so eine Thrombose schon was! Das kam zwar nicht in der Abendschau vor, war aber wie ein Herzinfarkt im Bein. Das konnte hochrutschen und Trude aus der Fassung bringen!

Siegfried Britzmann setzte sich auf die andere Gesäßseite. »Wenn ich mal was habe, habe ich hoffentlich auch was!« dachte er mißtrauisch, weil sein rechtes Bein plötzlich viel weniger weh tat. Kein Wunder bei der Hitze hier! Da mußten ja die Adern die Schnauze voll kriegen, da hielt sich ja die beste Krankheit nicht! »Warum nie ich?« dachte Siegfried Britzmann, weil er endlich auch mal was Eigenes haben wollte.

Wenn er schon kein größeres Konto hatte und keine Rolle beim Film bekam und immer älter, aber nicht prominent wurde und die Südsee, sein Jugendtraum, ihm vermutlich auch für immer verschlossen blieb, dann wünschte er sich wenigstens einen persönlichen Knick, nicht zu gefährlich und nicht gerade auf der Intensivstation oder am Kopf, weil's da schon genug gab, aber aufregend – eine halbe Thrombose etwa. (Er hätte sogar die Intensivstation in Kauf genommen, wenn man ihm ehrenwörtlich versichert hätte, daß er wieder rauskommt!) Aber es wollte partout nicht klappen!

Wenn er da an seinen Kollegen Willi Putzner dachte, einen Menschen mit billardkugelförmigem, rotgeschrubbtem Schädel, das war eine Kanone der individuellen Tragik, der lag dauernd auf der Lauer, der Glückliche, und erwartete Schicksalsschläge! Putzner hatte neben tausend anderen Erscheinungen – außer der Heiligen Jungfrau war bei dem eigentlich alles schon mal aufgetreten – neuerdings auch noch Verkalkungserscheinungen in den überraschendsten Gegenden, mal oben und mal unten, manchmal sogar am kleinen Dingsda. Und im vergangenen Frühling, als alles grünte und blühte, als die Welt vor Vergnügen heulte (zumindest ein Teil von ihr) und die Vögel wie verrückte Blockflöten loslegten, da brachte es doch dieser Menschensohn fertig, sich beim Verbeugen im Theater fast ein Bein zu brechen, es war phänomenal, weil es eigentlich menschenunmöglich war und nicht mal einem Selbstmörder gelungen wäre. Aber Putzner gelang es – beinahe jedenfalls!

Es fing damit an, daß die Vorstellung zu Ende war, der

Vorhang war gefallen, und Putzner stand auf der Bühne zwischen seinen Kollegen in einer Reihe, einer größer, einer kleiner, wie die Menschen so sind, wobei sich alle an den Händen hielten, was so Usus war, und als der Vorhang hochging und der Beifall aufbrandete, verbeugten sie sich, dann gingen alle, einer größer, einer kleiner, sich an den Händen haltend, unter Verbeugungen in einer Reihe zur Rampe vor, wo sie sich wieder gemeinsam verbeugten und, sich verbeugend, im vorsichtigen Rückwärtsgang nach hinten gingen, um sich dort erneut gemeinsam zu verbeugen und dann wieder, wie die Birkhähne beim Brauttanz, einer größer, einer kleiner, unter stetem gemeinsamem Verbeugen in einer Reihe zum gemeinsamen Verbeugen nach vorn zu gehen, worauf es wieder unter gemeinsamen Verbeugungen zum Verbeugen rückwärts nach hinten ging.

Zufälligerweise vollzogen sich diese Vorgänge an jenem Abend, wo Putzner sich fast das Bein brach, auf einem auf der Bühne stehenden und die Spielfläche bildenden Podest, etwa einen dreiviertel Meter hoch, weil Regisseure und Bühnenbildner immer wieder neue Einfälle haben und es beinahe nicht ertragen können, wenn die Bühne nur wie eine Bühne aussieht, was aber Putzner, als er, sich verbeugend, Hand in Hand mit den Kollegen in einer Reihe rückwärts nach hinten ging, völlig vergessen hatte, denn er ließ, um schon mal einige Schnallen zu lösen, weil er schnellstens zum Funk mußte, die Hände der Kollegen fahren, worauf er – unter Verbeugungen natürlich – einen Schritt zu weit nach hinten tat und ohne jeden Laut vom Podest verschwand, indem er hinten runterfiel. Dabei verknackste er sich so berufsschädigend den Fuß, daß er auf der Fahrt zum Funk kaum Gas geben konnte und zu spät kam.

Noch Tage danach mußte Willi Putzner den nagelverzierten Spazierstock seines aus dem Lausitzer Bergland stammenden Großvaters benutzen. Bei seinem sportlichen Kopf sah das aber gar nicht uninteressant aus und gab ihm das dekorative Aussehen eines Rennsteigwanderers. Außerdem war er am Abend des Sturzes innerlich so zerrissen, daß er als singender Laubfrosch, den er in einem Kinderhörspiel geben mußte, die Arie »Sag, ist es Liebe, was hier so brennt« bei der Aufnahme entweder zu hoch oder zu tief anstimmte, was den nervös werdenden Regisseur mehrmals zu der lieblosen Bemerkung veranlaßte, Putzner hätte statt Schauspieler besser Vogelstimmenimitator werden sollen.

Das schönste aber war, daß dieser auserwählte Mensch, dieser verdammte Putzner, ungefähr drei Wochen später, als er im Theater für einen erkrankten Kollegen einspringen und einen Felsen darstellen mußte – eine Art laufenden Berg –, beim Rückwärtsgehen erneut von einem Podest fiel. In welchem Beruf sonst noch war es einem einfachen Bürger ohne Rang und Namen möglich, als Felsen von einem Podest zu fallen? Die blauen Flecken am Gesäß konnte Putzner den Interessierten noch Wochen nach dem Bergrutsch vorzeigen – und vielleicht, meinte er, bleibe auch noch etwas zum Gruseln für seine Enkel zurück, Narben, Schmisse, Knochenausstülpungen und ähnliches, eventuell sogar könnte er als hundertjähriger Bühnenveteran bei Rudi Carrell oder in Fernsehquizsendungen davon erzählen, der Jugend zur Erbauung und Lehre. Kein Wunder, daß er so gesund aussah!

Er aber, Siegfried Britzmann, saß hier wie ein Affe, und das Bein tat überhaupt nicht mehr weh, da konnte er noch so sehr aufstampfen und an Putzner denken! »Bei mir klappt nicht mal eine Thrombose, aber am Kopp krieg ich's noch mal!« dachte Siegfried Britzmann und stampfte auf, und der mit der Glatze sagte ganz erschrocken: »Noch drei vor Ihnen, mein Herr, ich komme erst nach Ihnen!«, und Siegfried Britzmann winkte ab, denn wenn er jetzt nicht gleich machte, daß er hier wegkam, würde er diesen Plaststuhl an die Wand knallen oder was anderes Schlimmes tun, das wurde ihm immer klarer, sollte sich doch der Baron von Bumsfiedel hier behandeln lassen, er, Siegfried Britzmann, fuhr wieder auf die Probe! »Da klappt zwar auch nichts, aber da ist es wenigstens Kunst, ihr Rüben!« knurrte Siegfried Britzmann und verließ unter den furchtbar erstaunten Blicken des Glatzköpfigen den überheizten Warteraum.

Pellkartoffeln mit Selters

Ich habe einen Bauch! dachte Alfred Rößler in der Nacht zum Gründonnerstag und wälzte sich in seinem Bett. Außerdem verwechsle ich immer kurzsichtig und weitsichtig, weil sie das, wofür man eine Brille braucht, mit dem bezeichnen, wofür man keine Brille braucht! dachte er. Kein Wunder, daß er einen Bauch hatte und alles verwechselte. Vermutlich war er aber weitsichtig, denn das Kochbuch mußte er – wie er es erst vorm Schlafengehen nachgemessen hatte! – beim Lesen ohne Brille neunundsechzig Zentimeter weit abhalten, wenn er etwas erkennen wollte: *Gebackene Schweinshaxe* etwa! Oder *Würstchen im Schlafrock*! Die Arme reichten gerade noch hin, um diese Unverschämtheiten lesen zu können. Früher, als er ein Junge war und wie ein Scheunendrescher Wurststullen verputzen durfte, konnte er die großen Buchstaben sogar lesen, wenn man das Kochbuch vier Meter weit abhielt. Er mußte also schon als Kind weitsichtig gewesen sein. Damals konnte er aber auch aus fünf Zentimeter Entfernung ohne Brille lesen. Er mußte also als Kind auch kurzsichtig gewesen sein.

»Kurzsichtig und weitsichtig und trotzdem gute Augen!« dachte Alfred Rößler. Ein Phänomen, das vermutlich in seiner Jugend begründet war! Und heute? Heute mußte er das Kochbuch mit dem Fernglas lesen, wenn die Brille kaputt war. Heute tobte mitten in der verfluchten Nacht der Hunger in seinem Wanst. Generationen von Rößlers hatten Kohldampf geschoben, er aber, der nun endlich mal keinen Kohldampf zu schieben brauchte, mußte auch Kohldampf schieben. Auf seiner Familie lastete ein Fluch!

»Wir Menschen mit unseren Ein- und Ausgängen sollten etwas unzerbrechlicher sein, nicht so störanfällig!« dachte Alfred Rößler und wälzte sich. Manchmal war die Welt ein Jammertal, obwohl es den Gesang der Schwarzdrossel gab. Seit sechs Tagen nur Knäckebrot und ähnlichen Zimt! Weniger charakterstarke Menschen hätten sich an seiner Stelle schon in die Spree gestürzt. Und kein Bier! In ihm klapperte schon alles, wenn's nicht gluckerte. Und in Afrika hungerten die Kinder, eine Schande!

»Ich habe einen Eierbauch, prost Mahlzeit, frohe Ostern!« dachte Alfred Rößler. Weil seine Mutter ihm zu lange die Brust gegeben hatte, darum! Ewigkeiten war er das Brustkind seiner Mutter gewesen. Er konnte sich fast noch an die Mutterbrust erinnern! Und mit Butter hatte sie ihn vollgestopft. »Mein Buttersöhnchen!« hatte sie gejubelt, und die Maßlosigkeit in ihm hochgezüchtet, den Cholesterinspiegel erhöht. Nun hatte sie ihr Buttersöhnchen! Wahrscheinlich war er versaut fürs ganze Leben. Ein irregeleiteter Mensch, der vor Hunger nicht einschlafen konnte.

Hunger, Hunger, ihr Hunde! Seine Eingeweide schrien pausenlos auf, aber Elke hatte neuerdings so eine Art, ihn zu mustern, daß man dabei schwermütig werden konnte.

Wie neulich beim Fernsehen bei diesem alten amerikanischen Film mit Gary Cooper oder James Stewart (oder war's Cary Grant?) – eine dieser mageren Filmgrößen von früher jedenfalls, in deren Bauchhöhlung das Regenwasser stehenblieb, wenn sie in Badehosen auf der Wiese eingeschlafen waren (man hätte Kaulquappen darin aussetzen können!), ein Bursche von konkavem Wuchs eben, in einer hohen Hose, der Hosenbund, wie's früher Mode war, stieß fast an die Brustwarzen –, da hatte er erst gedacht, daß nicht einmal so eine hohe Hose so einen weltberühmten Schauspieler lächerlich machen konnte, weil diese Bohnenstangen eben lange Beine hatten und flotte amerikanische Hosenträger trugen und im Volke fast schon eine Sage wie Roger Moore als Robin Hood waren und bei ihm in Weißensee bekannter als die Buchstabenrechnung – so hatte er eben gedacht und sich dazu hinreißen lassen, einen harmlosen Witz über diese hohen Hosen zu machen – nach oben hin wollte der Hosenstall gar nicht mehr aufhören! –, und da hatte Elke seinen Bauch mit einem so hohntriefenden Blick gemustert, daß er ihr sofort einen Giftmord zugetraut hätte, wenn nicht Schlimmeres. Die Frauen hatten ja manchmal so etwas unergründlich Gnadenloses an sich, daß es einem eiskalt den Buckel runterlief. Als seien sie gar nicht aus Weißensee oder der Mark Brandenburg!

Vermutlich hielt sie ihn angesichts Gary Coopers gar nicht mehr für ihren Mann oder einen Menschen, sondern für ein dickes Neutrum, ein irgendwie zuckersackähnliches Lebewesen, bei dem Hopfen und Malz verloren waren? Wie im Zirkus ist er sich vorgekommen! Wie ein radfahrendes Schwein, das soeben zum dritten Mal vom Fahrrad fällt, weil ihm dauernd die Tricks mißlingen. Er war so durcheinander gewesen von dieser weiblichen Erbarmungslosigkeit, daß er wie hypnotisiert zum Schuhschrank ist und immer wieder die Schnürsenkellöcher in den Schuhen gezählt hat. Schließlich konnte nicht jeder wie Cooper die Bauchhöhlung nach innen haben, es mußte auch nach außen gewölbte Menschen geben! Schämen tat er sich deswegen noch lange nicht. Er jedenfalls hatte keine Nagezähne. Aber Jean-Louis Trintignant hatte welche! Und Humphrey Bogart hatte auch welche. Mein Gott, was hatte der in *African Queen* für Nagezähne gehabt – und auch noch den Oscar dafür erhalten! Und wenn ihn nicht alles trog, sah Marcello Mastroianni so aus, als ob er ebenfalls Nagezähne hätte!

Aber so etwas sah Elke ja nicht. Die sah nur, wie Humphrey Bogart ganz allein fünf Verbrechern die Visagen polierte. Was war das schon, wenn man Humphrey hieß? Mit diesem Vornamen wäre er Nobelpreisträger! Dazu die vielen Salatgurken, die solche Leute in ihren luxuriösen Privatvillen wegschnorpsten! Und die Drüsenpräparate! Kein Wunder, daß sie trotz der Nagezähne berühmt wurden. Kein Wunder, daß sie berühmt wurden, wenn sie in so berühmten Filmen wie *Der Malteserfalke* die Hauptrolle spielen durften. Die hätten mal in der ehemaligen DDR leben sollen! Vielleicht wäre dann James Stewart mit einem Bauch rumgelaufen und nicht er!

»Abnehmen, Alfred, das ist wie lebenslang Pellkartoffeln mit Selters!« hatte Willi Kulicke erst gestern zu ihm gesagt. Das war leider mitten aus dem Leben gegriffen, denn er hatte es schon mehrmals am eigenen Leibe durchgemacht, und nun lag er wieder so schmerzerfüllt da, und im Kinderzimmer schliefen Achim und Petra, und neben ihm schlief Elke, alle schliefen, bis auf das Meerschwein im Kinderzimmer, das schnorpste – vielleicht war's auch Humphrey Bogart, der dort schnorpste –, ganz deutlich hörte man es durch die Wand schnorpsen, ein eifriges, gewissenloses Schnorpsen, und er mußte es hören, weil keiner Rücksicht auf ihn nahm, nicht mal das Meerschwein, und bald war Mai, dann würde auch noch der Kuckuck schnorpsen – und jetzt wäre er beinahe eingeschlafen, und leider würde er auch noch im Mai Hunger haben müssen, denn dreiundzwanzig Pfund Bauch waren keine Kleinigkeit, das waren vielleicht zehn dicke Meerschweine – oder zwanzig –, wieviel wog ein dickes Meerschwein? Gleich nach dem Aufstehen mußte er das Meerschwein wiegen! – und alles wegen Gary Cooper!

»Wo Clark Gable sogar abstehende Ohren hat!« dachte Alfred Rößler und wälzte sich. Und Peter Lorre hatte eine Stimme wie Liesl Karlstadt. Und Gründgens eine wie die Flikkenschildt. Aber ihn musterte die eigene Frau wie ein radfahrendes Schwein! Dann sollte sie sich doch ihre Fenster von Gary Cooper putzen lassen! Sogar den häßlichen Belmondo verehrte sie! Der hatte leicht häßlich sein. In Paris wäre er auch gern mal häßlich gewesen. Und in *Kramer gegen Kramer* hatte Elke sogar siebzehnmal geweint. Er hatte es während des Films in seinen Taschenrechner gespeichert. Natürlich flossen die Tränen speziell wegen Dustin Hoffman. (Von so einem ließen sich die Weiber sogar gern scheiden, damit sie ihn immer wieder von neuem heiraten konnten!)

»Meine Güte, so ein guter Vater wie Dustin Hoffman, bin ich vielleicht ein noch besserer!« dachte Alfred Rößler, denn so schön wie Dustin Hoffman war er auch. Er wurde eben nur nicht gefilmt, wenn er so schön wie Dustin Hoffman war, weil er überhaupt nicht gefilmt wurde, denn manche Menschen wurden nun mal eben nicht gefilmt, weil manche Menschen auch noch zu arbeiten hatten, das sollte sich Elke mal hinter die Ohren schreiben!

Bei ihm hatten keine Millionen gegafft, als er Achim, wie der sich den Zeh gebrochen hatte, in die Poliklinik schleppte! Geschwitzt wie ein Vieh hatte er dabei, und auch in seiner Brust hatte er diese Dustin-Hoffmansche Angst verspürt, nicht nur Dustin Hoffman in seiner! Natürlich wäre er auch gern mal einer gewesen, wegen dessen Menschlichkeit Elke geheult hätte.

Aber leider filmte ihn keiner bei der Menschlichkeit, er kam nicht vor im Kino, er war nicht der Osterhase, sondern ein Ingenieur, der schwer zu ackern hatte bei den dauernden Umstellungen, obwohl er nicht mal in der Partei gewesen war, und Elke nahm seine Menschlichkeit wie den Wetterbericht zur Kenntnis. Die kniete nicht vor ihm nieder, sondern im Gegenteil!

Jeder arme mausgraue Hund mit behaarten Knüppelchen möchte gern von einer hübschen Puppe bewundert werden und rank und schlank in Modeunterwäsche vor ihr stehen und eine breite Brust haben und dicke Arme und sinnliche Waden, es haben alle ihre Wünsche, tröste dich, Alfred!

dachte Alfred Rößler und legte sich auf die Einschlafseite. Jetzt komme ich mir wie ein Kartoffelsack ohne Kartoffeln vor! dachte er, und am liebsten hätte er das Meerschwein gleich gewogen, aber dann hätte es wieder Theater gegeben! Meine Güte, wieviel Mut hatte er schon vergebens gehabt, wie oft war er umsonst feige gewesen! Die konnten ihm mal den Buckel runterrutschen mit ihrem Schönsein! Er mußte jeden Tag in aller Herrgottsfrühe raus, und manchmal sehnte er sich nach dem Popocatepetl oder so, nach etwas mit Palmen oder nach Venedig an der Lagune, aber komm mal im Frühling als Normalverdiener, der aufpassen muß, daß sie ihn nicht ausbooten, von Weißensee aus der Langhansstraße nach Venedig, Alfred! Zehn dicke Meerschweine, mein Gott! Oder gar zwanzig! Damit lag er nun hier im Bett. Das war sein Venedig. Und Elke träumte vielleicht gerade von Alain Delon, der mit keinem Bauch im Bett lag, sondern mit Elke, na, warte!

Wenn ich jetzt Alain Delon wäre, würde ich sofort aufstehen und mir in der Küche zwei Koteletts mit Bratkartoffeln machen – und Elke würde kein Autogramm von mir kriegen! dachte Alfred Rößler. Aber ich bin nicht Alain Delon! dachte er und begann, mürrisch zu schnarchen.

Knebelknöpfe am Teutoburger Platz

Es gibt Tage, die sind voll stiller Melancholie. Wie ausrangierte Weihnachtsbäume oder unser abgelegtes Sonnenhütchen aus der Kinderzeit. Man möchte von morgens an abwinken, weil nichts klappt. Trotzdem macht man sich, kaum haben die ersten Hähne gekräht, mit hervorquellenden Augen auf die Socken: hinaus, hinaus ins feindliche Leben! Obwohl man eigentlich im Betrieb anrufen sollte und sich entschuldigen: »Ich bleibe heute lieber zu Hause, Meister, weil ich mir sonst mit dem Hammer auf den Daumen haue – stoppt mal das Band!« Aber man bleibt nicht zu Hause, sondern man kommt abends mit einem Daumenverband zurück und sagt beleidigt »Siehste!« zu seiner Frau.

So sind wir Menschen gebaut mit unseren gewaltigen Gehirnen, denn als mich Klara, die Elvi fachmännisch versprochen hatte, ihr irgendwelche seltenen Knebelknöpfe zu besorgen, gestern fragte, ob ich sie bei der Suche nach den seltenen Knebelknöpfen für Elvi begleite, zog ich sofort den Mantel an. Obwohl ich überhaupt keine Beziehungen zu seltenen Knebelknöpfen habe! Doch ein ungutes Gefühl hatte ich wegen des Nebels, der sich überall breitmachte.

»Auf der Wiese sehen die Kühe bei solchem Nebel hellblau aus!« sagte ich, als wir das Haus verließen, und hätte lieber einen Grog getrunken. »In der Nähe vom Teutoburger Platz soll's die seltenen Knebelknöpfe geben!« antwortete mir Klara, die leider nie zuhört, wenn ich ihr meine wertvollen Beobachtungen mitteile. »So ein ekliger Nebel aber auch, pfui, Spinne!« sagte sie mißmutig, und mir wurde sofort klar, daß sie mißmutig wegen Elvis Knebelknöpfen war, denn seit Elvi mit meinem Bruder Paul verheiratet ist, seit zirka fünfundzwanzig Jahren also, gehört Elvi zu den beliebtesten Gesprächsstoffen Klaras.

Als hätte sie meine Gedanken erraten, sagte sie auch gleich: »Ich hätte ja auch allein gehen können, aber dann sind ihr die Knöpfe wieder zu kneblig oder die Knebel zu knopfig, ich kenne doch Elvi. Ich will mich nicht immer alleine rechtfertigen müssen vor ihr!«

»Was habe ich als gelernter Werkzeugmacher mit Knebelknöpfen zu tun?« dachte ich und sagte nur, weil mir die richtig guten Sachen leider nie zur Zeit einfallen, sondern immer später, ich aber Klara trotzdem beschämen wollte: »Sei nicht so giftzähnig wegen Elvi!«

»Ich giftzähnig?« rief Klara. »Wo ich kein Wort darüber verloren habe, daß ihr Oma zum Geburtstag den kostbaren Lackledergürtel für neunzig Mark geschenkt hat! Hätte sie ihr lieber die neunzig Mark geschenkt!«

»Aber dafür hätte sich Elvi doch dann auch den Gürtel gekauft!« entgegnete ich und erinnerte Klara daran, daß sie zwar von Oma keinen Gürtel für neunzig Mark, aber ein Paar Kosakenstiefel für hundertsechzig Mark bekommen hatte, auch zum Geburtstag!

Als wir in der Kastanienallee waren, antwortete Klara mit eiskalter Stimme: »Das sieht dir ähnlich, du Schaf!« Wo ich ihr fast jeden Sonntag den Rücken mit Kampfersalbe einrieb! Natürlich preßte ich sofort die Lippen aufeinander. Aber da kam uns dieser magere Kerl entgegen, ein Mensch in Keilhosen, die in kurzen, kürbisgelben Stiefeln mit weißen Sohlen steckten. Dazu trug die Type einen Anorak aus gebohnerter Wellpappe, einen Uraltbestand, sozialistisches Mittelalter ungefähr, späte sechziger Jahre, reinste DDR, zum Heulen! Wie eine auf die Spitze gestellte Pyramide sah der Kerl aus!

Das alles hätte mich warnen sollen – vor allem die schrecklichen Keilhosen! –, aber der Mensch hatte die Ohren unterm Krimmerschiffchen so merkwürdig flehend nach vorn eingedreht, daß man ihm trotz der Keilhosen nicht böse sein konnte. Wo einem das Herz doch noch voll war von Weihnachten! Ich sah ihn also gütig an, und er erwiderte meinen Blick wie einer, der schon seit Wochen darauf wartet, daß ihn in der Kastanienallee mal jemand was fragt. Darum fragte ich ihn leichtfertigerweise, ob er wüßte, wie wir zum Teutoburger Platz kämen. »Dort soll's ein Geschäft geben, wo's alle Arten von außergewöhnlichen Knöpfen gibt, auch seltene Knebelknöpfe für Trachten«, erklärte ich.

»Knebelknöpfe?« fragte er mißtrauisch und sah sich um, als wären Knebelknöpfe etwas Verbotenes.

»Am Teutoburger Platz!« wiederholte ich, und Klara schrie ihn aus irgendwelchen Gründen – ich vermute wegen der Keilhosen – wie einen Schwerhörigen an: »Es sind Knöpfe aus Leder, seltene Stücke, Meister, meine Schwägerin benötigt sie für ihren original bayrischen Trachtenmantel!«

Schon an dieser Stelle wurde mir klar, daß wir den Kerl hätten besser nicht fragen sollen. Aber Klara hatte es wohl richtig gemacht mit ihrem Anschreien, denn plötzlich hielt der Bursche seine rechte Hand wie eine Maurerkelle vor den Mund. War ihm nun doch was eingefallen? »Momank, Fräulein!« sagte er beschwörend. »Momank, bitte!«

Klara schwieg natürlich sofort geschmeichelt, weil sie »Fräulein« genannt wurde. Vermutlich erwartete sie, daß ihr dieser Wichtigtuer im nächsten Moment nicht nur die Lage des Teutoburger Platzes prophezeien würde, sondern auch die richtigen Lottozahlen für nächste Woche. Das dumme Luder legte aber nunmehr nur den Zeigefinger auf die Nasenspitze und sah uns groß an. »Knebelknöpfe am Teutoburger Platz...«, sagte er nachdenklich und wiederholte es wie einen berühmten Filmtitel, wie *Casablanca* etwa mit Humphrey Bogart. Dazu nickte der Kerl, als wüßte er eine hübsche Überraschung dazu.

Na, sag's schon, du Plinsen! dachte ich, denn ich begann zu ahnen, daß er einen Dreck wußte. Wenn ich schon diese Keilhosen sah!

»Am Teutoburger Platz?« fragte er, als käm's nun gleich.

»Ja«, antwortete Klara, »ja!«

»Seltsam«, sagte der Magere und lachte verwundert, »am Teutoburger Platz? Wo in Berlin gar keine Cherusker waren! Waren hier nicht die Hugenotten?«

Mürrisch zuckte Klara mit den Schultern. »Vor allem die Russen waren da!« knurrte sie. »Und die Amis!«

»Eher könnte man sich«, fuhr der Magere in seinem Gedankengang fort, »hier noch einen Platz mit einem französischen oder sächsischen Vornamen vorstellen, denn Sachsen waren auch eine ganze Menge in Berlin, oder? Pariser Platz etwa oder Kurt-Biedenkopf-Square?«

»Komm, ich hab's satt!« rief Klara, die wohl wieder über Elvi herziehen wollte.

»Oder waren die Sorben zuerst im Berliner Raum?« stöhnte der Magere und stemmte die Arme in die Seiten. »Da soll mich doch...!« rief er enttäuscht.

Da hatten wir den Salat! Einen Menschen in antiken Keilhosen hätte ich nie fragen dürfen! Das war ja schlimmer als damals der furchtbare Hexenschuß von Karl-Wilhelm!

»Die Hohenzollern waren es jedenfalls nicht!« sagte der Unterhaltungskünstler.

»Aber da oben unten vor uns ist der Pappelplatz, vielleicht meinen Sie den?«

Das glaube ich dir, daß wir den meinen, du Nase! dachte ich, denn man sah es dem Schlaumeier an, wie er förmlich danach gieperte, daß es hier keinen Teutoburger Platz gab. Es schien ihn schrecklich zu wurmen, daß wir gerade den suchten! Eine Zeitlang guckte er sogar so, als wollte er mir in die

Schienbeine treten oder Klara die Schuld an seinen Keilhosen geben.

Aber da fand er wohl die Kurve nicht, und so begann er es auf die Größe Berlins zu schieben, erklärte uns, daß Berlin jetzt immerhin drei Komma drei Millionen Einwohner hätte und daß es, obwohl er schon eine Ewigkeit hier in der Drehe wohne, gleich um die Ecke Straßen gebe, von den Plätzen ganz zu schweigen, wie in einem fernen Land. »Berlin, Berlin!« rief er mit geheimnisvollem Getue und forderte uns auf, wir möchten doch bitte trotz der Unwahrscheinlichkeit der Existenz eines Teutoburger Platzes noch jemand anderen danach fragen. Er zeigte auch auf mehrere vorbeikommende Passanten, die wir fragen sollten, und behandelte uns wie Kannibalen.

»Komm!« sagte Klara und zerrte so an mir herum, daß sie mir die Hosenbeine meiner guten, neuen, langen, hellblauen Unterhosen – ein Weihnachtsgeschenk von Paul, ich glaube, er hatte sie schon zehn Jahre liegen gehabt – aus den Socken zerrte.

»Vielleicht haben sie ihn umbenannt?« sagte der Magere. »Sie benennen doch jetzt alles um. Vielleicht war Teutoburger gar kein Germane, sondern Genosse, wie?«

Klara zuckte mit den Schultern. »Bei meiner Schwägerin Elvi ist alles möglich!« erwiderte sie, und ich merkte, daß mir nun die Socken zu rutschen begannen, eines der unangenehmsten Gefühle, die ein Mann kennt. Gleich würden sie wie Ziehharmonikabälge unten aufstoßen! Und die Unterhosenbeine würden in die Kniekehlen hochrutschen! Das war vielleicht ein Leben!

»Ich wohne in der Oderberger«, gestand uns der Magere. »Hinten rechts ist das Postamt Eberswalder Straße, fast gar keine Wartezeiten!«

»Wir benötigen keine Briefmarken, sondern Knebelknöpfe!« entgegnete Klara abweisend und zerrte an meinem

Mantel, den nun aber auch der Magere gepackt hatte. »Wenn Sie die Kastanienallee weiter runterlaufen«, sagte er, »kommen Sie zur Invalidenstraße, ich weiß das alles, ich bin alter Berliner!«

»Mein Gott, ist Berlin groß, ist Berlin groß!« fügte er erschrocken hinzu und bekam ein stieres, hochmütiges Gesicht.

Obwohl mir nun schon alles egal war mit meinen hochgerutschten Unterhosenbeinen, begann ich den unglücklichen Menschen zu bedauern. Schließlich lebten wir trotz seiner Keilhosen auf derselben Erde, obwohl man's kaum glauben konnte, und waren Zeitgenossen! Wir mußten beide fertig werden mit der deutschen Geschichte! Gleich würde er weinen oder vor uns niederknien! Vermutlich ein ehemaliger Klassenerster oder ein früheres ZK-Mitglied!

»Komm!« sagte Klara, indes sich der Nebel zu lichten begann. »Komm!« sagte sie hart, und der verzweifelte Magere stammelte flehend: »Dort ist jetzt der Fernsehturm, Herrschaften, sehen Sie ihn vorgucken?«

»Mein Gott, nun komm doch endlich!« sagte Klara. »Nun komm doch endlich!«

»Sehnse!« sagte der Magere zu mir und wies mit traurigem Kopfnicken auf Klara, als sei sie an allem schuld. »Fragen Sie nach dem Teutoburger Platz, fragen Sie!« rief er und sah uns lange Zeit mit hündischem Blick nach. Am liebsten wäre er uns sicherlich gefolgt, um uns vielleicht wenigstens die Spurweiten der europäischen Eisenbahnen aufzusagen oder die Primzahlen von 1 bis 997. Ersatzweise verkrallte er sich aber immer wieder in irgendwelchen Passanten und redete flehend auf sie ein. Den Teutoburger Platz schien keiner zu kennen, armer Hund!

»Vielleicht kaufe ich mir morgen auch ein Paar Keilhosen«, sagte ich mitleidig, wobei wir Haken schlugen, damit uns der hilfsbereite Esel nicht folgen konnte. Das war ja wie ein Gottesgericht! So durfte man himmlischerseits auch nicht gleich strafen! So schlimm waren diese Keilhosen nun auch wieder nicht, obwohl ich gar nicht an sie denken durfte!

Melancholisch stampfte ich auf, damit wenigstens die Unterhosenbeine wieder nach unten rutschten. Ein verfahrener Tag!

»Alles wegen Elvis verdammten Knebelknöpfen!« sagte Klara, und ich erwiderte: »Warum sie bloß immer so ausgefallene Wünsche haben muß mit ihrem bayrischen Tick seit den letzten Ferien?«

Klara nickte nachdenklich. »Daran kann ein Mensch kaputtgehen!« sagte sie, und der Nebel wurde wieder dichter, und dazu schneite es plötzlich furchtbar viele kleine, schnelle, kalte, böse, harte Neujahrsschneeflocken auf die liebe Erde, ach, du meine Güte!

Aua, mei Kopp!

Wenn ich auf meinem Balkon stehe, sehe ich schräg gegenüber hinter Büschen und Bäumen das Krankenhaus, wo sie mir den eingeklemmten Bruch operiert haben. Das ist schon so lange her, daß die Narbe kein Mensch mehr sehen will, nicht mal unsere Katze. Trotzdem muß ich oft an meine Krankenhauszeit denken, kam ich mir doch damals, weil vorher noch nie jemand mit Nadel und Faden an mir herumgenäht hatte, wie meine beste Hose beim Hosenschneider vor. Und außerdem war da noch dieser hamsterähnliche Mensch, den sie am Abend nach meiner Operation mit dem Bett zu uns ins vollbelegte Zimmer schoben.

Die Namen der größten Rindviecher, wenn sie nur prominent sind, werden an den Himmel gezweckt und mit Rosen umkränzt, der Name dieses Hamsterähnlichen aber ist der Welt und mir so unbekannt, wie es der von Rumpelstilzchen war, ehe er von den Brüdern Grimm vermarktet wurde. Doch der Gedanke an diesen Mann labt meine wunde Seele, wenn mir das Leben in Form von Klugscheißern Hammerschläge versetzt, denn Menschen gibt's nun mal solche und solche auf Erden, man kann nicht jeden verhauen, weil man auch manchmal von manchem getröstet wird: von Wiesemanns Rudi etwa, dem ein Teddybär aus dem Rucksack guckt, oder wie gestern, als ich von einer blödsinnigen Theaterprobe komme, von diesem fetten Kerl im weißen T-Shirt, auf dem groß WEST SACRAMENTO POLICE steht – er saß an der Bushaltestelle in der Sonne, wo sie neuerdings Bier verkaufen, und goß sich behaglich ein Pilsner zwischen die Kiemen.

Das hat mir gute Laune gemacht, denn dieser Mensch schien etwas vom Sinn des Daseins begriffen zu haben. Aber als dann im Bus ein anderer seiner bleichen, spitzen Gesprächspartnerin klarzumachen versuchte, daß die ehemalige DDR so eine Art seligmachendes Wochenendgrundstück, etwas eingezäunt, gewesen sei und daß er nun plötzlich wegen der Unübersichtlichkeit der Zukunft und dem Himphamp der Gegenwart und dem Chaos der Meinungen ganz abgehetzt wäre und frustriert, da begann mein Herz wie ein alter Wecker zu trommeln, denn ich hasse dieses fortwährende »frustriert«, obwohl ich zugeben muß, daß auch ich manchmal frustriert bin und daß es natürlich auch schöne Augenblicke gab, als wir noch flächendeckend abgehört wurden und die SED Alleininhaber der DDR war. Aber das Dasein damals gähnte, es haperte am aufrechten Gang. Alles ein bißchen tote Hose, ohne ökologische Komponente, die Trostlosigkeit keimte. Sogar den Friedenskampf hatte man dicke. Und die Regierung schon lange. Die Idylle auf der Bank vor der Datsche stieg einem wie Sodbrennen hoch. Alles Weltersatz, Ersatzwelt! Schlecht geschmiert das Ganze, und überall Siegel. Aber die großen Schnauzen funktionierten. Die Hochbeete vorm Haus gähnten. Der Lampenladen gähnte. Die häßlichen Lampen gähnten. Nur der Fahrzeugverkehr war fortgeschritten. Der stank schon damals gen Himmel!

Trotzdem redete ich mir zuweilen ein, daß die DDR gegenüber dem überkandidelten, erfolgsgeilen, lebenslüsternen Westen – dieser Ellbogengesellschaft! – auch Vorteile hatte. Wir waren das stille, blauhemdige Wiesental mit den menschlichen Werten, schlicht und anspruchslos, nicht wahr: ein Volk etwas melancholischer, aber fortschrittlicher Kleingärtner, Fahnenträger und Nischenbewohner, die in einigen Generationen alle wie ihr Trabant aussehen würden – brav und eckig –, lauter wichtigtuerische Idioten, die ihr Fernweh mit

Fahrten zum Flughafen Schönefeld stillten, wo sie die abfliegenden Flugzeuge bestaunten. Die Sozialversorgung war sicher, das nächste Auto bestellt und das Wassergeld bürgernah. Ein Volk bescheidener Knaller mit weißen Westen. Und immerfort qualifizierten wir uns: eine Kulturnation von Wandlitz bis Bitterfeld!

Unser Onkel Theo aus Hannover sagte im Frühjahr 1988 sogar noch bei einem seiner Besuche hier: »Bei euch ist's wie früher, Kinder, nur Pilze würde ich wegen Tschernobyl keine hier pickern, sonst aber bin ich gerührt wegen der sauberen Zeitungen, frei von Skandalen und nackten Titten, wegen des fabelhaften Wachaufzugs Unter den Linden und weil hier noch nicht alles zuzementiert ist, da habt ihr nur die Mauer, es kommen sogar Schlaglöcher vor, die reinste Nostalgie, dafür geb ich das ganze Gran Canaria hin!«

»Wir ebenfalls, Onkel Theo, wir sind aber auch am weitesten im ganzen Ostblock, obwohl die SED zum Heulen ist!« riefen wir und schenkten dem Onkel gleich noch mal das Sektglas voll: »Sauf, Onkel, sauf, wir haben's!«

»Ja, ja, wir Deutsche, hick, uns macht uns keiner nach!« bemerkte der himmelhochblaue Onkel und rülpste begeistert und sang: »Kleines Haus am Wald...« Die Platte hatte er von uns, echt Thüringen!

Das alles war einmal, und nun lebte ich schon lange in der mehr oder weniger freien Marktwirtschaft, wo man es auch schwer hatte, aber das dann auch laut sagen konnte. Darum bin ich dann gestern auch nicht unglücklich aus meinem Bus gestiegen, und der Tag war bunt und laut und voller Leben, und am Himmel flogen weiße Wolken, und ich mußte daran denken, daß auch viele moderne Dramatiker die Welt äußerst klamm und hoffnungslos sahen, »denn die echte Kunst«, wie mein Vetter Herbert Strietzner sagt, »versucht uns immer wieder weiszumachen, daß wir Leute hier auf Erden in einem rechten Scheißhaus leben!«

Das sei zwar ordinär formuliert, sagt Strietzner, aber zutreffend. Und weil er doch als Busfahrer immer um halb fünf morgens aufstehen muß, sagt er, stellt er sich eben dann manchmal so einen verzweifelten Dramatiker vor, wie der, nachdem er mit frischgemolkenem Menschenblut die allerdüstersten Texte auf DIN-A4-Bögen gepinselt hat, sich mit einer guten Zigarre unter die Apfelbäume seines Gartens haut, wo er einen eisgekühlten Aperitif schlabbert und manchmal stillvergnügt einen fahrenläßt, weil die Äpfel so hübsch lachen und das Leben, diese alte Nulpe, gar nicht so übel daherkommt, wie das Leben aufgrund der gesammelten Werke des Dramatikers daherkommen müßte. Zwar ginge es manchmal ziemlich mies auf Erden zu, sagt Strietzner, aber wenn es wirklich so obermies auf Erden wäre, wie es manche behaupten, sagt Strietzner, würde er, der Busfahrer, schon am frühesten Morgen die ganze Busfahrerei hinschmeißen. Doch glücklicherweise – an dieser Stelle lachte Strietzner verschmitzt – gebe es neben der Welt im modernen Drama auch noch seine, die strietznersche Welt mit Kabuschinkes Wally, der Süßen, und manchmal einem glücklichen Tag, eine Welt mit Kindern und einem Blumenstrauß auf dem Tisch, mit schlauen Büchern und einem Schweinebraten nebst hellem Bier und einer alles in allem demokratisch gewählten Regierung, weil die Menschheit nämlich sonst schon lange vom Dach gesprungen wäre oder bald wieder irgendwelchen Diktatoren auf den Leim gehen würde.

»Doch sie springt nicht vom Dach, du Nieselpriem, irgendwas hält sie zurück, selbst, wenn's ihr nicht gutgeht!« rief mein Vetter, und ich stimmte ihm zu. Zur Strafe für meine blöde Gutgläubigkeit mußte ich aber dann neulich in einem ganz berühmten und schlauen Nachrichtenmagazin, dem die Charakterfehler der heutigen Welt noch nicht zu reichen scheinen, lesen, auf welche miese Art das Sonnensystem dereinst zugrunde geht und daß unsere Erde in siebeneinhalb Milliarden Jahren bei minus zweihundert Grad Celsius »als schrumplige Sternleiche in ewiger Nacht ihre letzte Bahn« ziehen wird. Das hat mir einen ganz schönen Bums aufs Großhirn versetzt, beinahe mußte ich mich übergeben. Später habe ich aber dann nur zum Weihnachtsmann gebetet.

Und weil im Fernsehen auch nur Angstmacher und Fingerschnipser und Wichtigtuer agierten und ich keiner bin, sondern Hypertoniker, trat ich auf meinen nach Tomatenpflanzen duftenden Balkon hinaus, wo der Abend soeben mal kurz den Atem anhielt. Kein verzweifelter Besoffener brüllte, keine Krankenwagensirene heulte, nur eine Schwarzdrossel, *Turdus merula*, flötete und jubelte und sang und sang – und sang so mächtig daher und dahin, daß es zum Schluchzen war wie früher mit Evchen, sommerabends im Holunder an der Elbe.

»Ach, verdammt noch eins, natürlich benötigen wir armen Menschenhunde auch Glücksmomente!« sagte ich zum Himmel und schüttelte dem lieben Gott insgeheim die Hände, und drüben im Krankenhaus brannten schon die Lichter, da schnitten sie vielleicht gerade einem den Bauch auf. Auch hinter jenen Fenstern leuchtete es, hinter denen ich gelegen hatte mit meinem eingeklemmten Bruch, lang ist's her, als man uns eines Abends dem Hamsterähnlichen ins Zimmer schob. Am Fußende seines Bettes lag eine abgewetzte Aktentasche, aus der in Zeitungspapier gewickelte Flaschen guckten. Es war ein nach Alkohol riechender sackförmiger Mensch mittleren Alters mit Nagezähnen und Halbglatze, der eine stark angeschwollene Oberlippe hatte und beinahe pausenlos »Aua, mei Kopp!« rief.

Und in den Betten neben mir lagen nur selbstgerechte, fehlerfreie Nußknacker, ohne Makel alle, alle ganz gewaltig auf Draht, redlich, bieder und dünkelhaft, vorzügliche Staatsbürger.

Beim Anblick des nagezähnigen Aktentäschlers sah ich ihre Münder spitz werden, weil sie doch gerade einschlafen wollten und operative Fälle waren, bei denen der Gerinnungsfaktor gemessen wurde und das Blut gesenkt. Seit Tagen priesen sie in diesem Vierbettzimmer sich selber, immer nur sich selber, und nun rief plötzlich ein fremdes, sichtlich erfolgloses, weithin nach Schnaps stinkendes Element »Aua, mei Kopp!« in diese Harmonie hinein!

»Pfui Deibel!« sagte darum auch sofort der Datenverarbeitungsingenieur im Bett an der Tür, und der daneben liegende Physiklehrer, der mit dem taubeneigroßen Gallenstein, nickte dazu. Aber der Hamsterähnliche rief unverzagt: »Aua, mei Kopp!«, worauf dann endlich auch die Oberschwester Jasmunde erschien.

»Um Himmels willen, was ist denn mit Ihnen los?« rief sie angesichts der geschwollenen Oberlippe.

»Ich bin die Treppe runtagefallen, Frau Dokta!« antwortete der Dicke.

»Ich bin die Schwester!« belehrte die Oberschwester den Dicken und drückte ihm einen Eisbeutel auf den Kopf. »Sie stinken aber nach Fusel!« sagte sie beeindruckt.

»Aua, mei Kopp!« erwiderte der Dicke.

»Meine Güte«, sagte die Oberschwester, »das weiß ich ja nun bald, ich kann Ihnen doch nicht irgendwas geben, das muß morgen früh der Doktor entscheiden!«

»Aua, mei Kopp!« antwortete der Dicke mit der Halbglatze und der geschwollenen Oberlippe, und es war so ein einsames, bemitleidenswertes »Aua, mei Kopp!«, daß ihm die Oberschwester dann doch irgendwas gab, worauf der Dicke immer zufriedener »Aua, mei Kopp!« sagte, bis er unter dem leisen Winseln meiner Bettnachbarn mit dem zitternden Eisbeutel auf dem Kopf ruckweise zu schnarchen begann, und sogar dieses Schnarchen klang noch wie »Aua, mei Kopp!«, ein Schlaflied für meine puckernde Bruchnarbe.

Leider wurde der Dicke am nächsten Morgen schon in ein anderes Zimmer verlegt.

»Recht scheenen Dank, Kameraden, und auf Wiedasehen!« rief dieser gute Mensch noch, worauf Patullke, der diabetische Zahnprothesenträger mit den Hodenproblemen, nur böse erwiderte: »Von wegen!«

Bis zu meiner Entlassung bin ich dem dicken Hamsterähnlichen dann nur noch auf der Toilette begegnet. Er machte einen gelösten, abgeschwollenen, frischpolierten Eindruck in seinem zu kleinen Krankenhaus-Schlafanzug. »Aua, mei Kopp!« sagte er nicht mehr, statt dessen qualmte er Zigaretten der Marke Karo, einer auch heute noch existierenden Giftnudel, und soff mit einem ausgemergelten, vernarbten Patienten von der F7 aus irgendwelchen in Zeitungspapier gewickelten Flaschen irgendwelche farbigen Flüssigkeiten, wobei er dem Ausgemergelten, der ihm mit fachmännischem Eifer von geplatzten Operationsnarben, akuten Bauchgrippen, explodierten Wurmfortsätzen und ähnlichen medizinischen Sensationen berichtete, manchmal herzlich zunickte, ein glücklicher Zeitgenosse, der trotz seiner gewaltigen Nagezähne und des sackförmigen Körpers etwas Gewinnendes an sich hatte, der irgendwie leuchtete, ein Mensch wie ein nadelnder Weihnachtsbaum, ein wohltuender Versager, eine totale Niete, aber trostvoll für unsereinen schon damals in der stolzen Welt des real existierenden Sozialismus und auch noch heute auf diesem geliebten, schwankenden Stern voll selbstgerechter Knaller, ich kann mir nicht helfen.

Der Kuckuck ist mir lieber!

Am Neujahrstag, als sie im Fernsehen das internationale Schispringen brachten, regnete es lange, dünne, gemeine Fäden, aber vierundzwanzig Stunden zuvor trug der Winter noch die Nase hoch. Am Neujahrstag ließ er sie hängen. »Sie sollten mit Schirmen springen!« jammerte meine Frau und drohte dem Fernseher mit beiden Fäusten, und unser Onkel Karl schüttelte den Kopf, weil es eine »Frechheit vom Wetter« war, wie er sagte. »Die sollten sich was schämen!« sagte er und erklärte uns, wie ersprießlich es wäre, wenn's Zwerge gäbe, kleine, gute Geister mit großen Nasen und goldenen Händen, wundertätige Stöpselchen, Glücks- oder Heckemännchen, mit zunehmendem Alter habe man die immer nötiger, und wenn's nur für die Zähne oder das Reißen wäre: Zwerge oder Butze, Heinzelmänner, Hutzelmännlein, Wichtel, Purzel, Erdmännchen, Trolle, Alraune, Gnomen, Kobolde, Galgenmännchen oder Biberlis, gar nicht genug könnte es geben – jene kleinen, häßlichen Knoten eben, die ein internationales Regenwetter in ein internationales Schneewetter verwandeln könnten und einen Winter in einen Frühling, die aber dem traurigen Menschen auch heimlich die Socken stopften und ihm die Tränen aus der Suppe fischten!

»Es können natürlich auch Zwerginnen sein, bitte sehr!« sagte Onkel Karl großzügig. »Schön wär's!« rief meine Frau und seufzte.

»Das wäre doch was für die Sprungschanzen und uns alte Pinsel, was?« fragte mich Onkel Karl.

Ich lächelte abweisend, denn erstens war Onkel Karl der

Onkel meiner Frau und ich nicht sein alter Pinsel, und zweitens war der alte Sack fünf Jahre älter als ich, mein Alter reichte mir! Aber mit den Zwergen hatte er recht. Die wünschte ich mir auch.

Schon für den Cholesterinspiegel und das Rauchenabgewöhnen und die Sauferei. Und vielleicht, daß sie morgens versuchsweise für mich aufstehen und nachsehen, wie's sich anläßt. Weil ich doch siebenundfünfzig geworden bin und endgültig ein alter Knochen, da soll jetzt bloß nicht so ein Klugscheißer daherkommen und mir das Gegenteil zu beweisen versuchen, nicht so alt wie Onkel Karl selbstverständlich, aber überall knackt es. Wie auf zu dünnem Eis!

»Wenn man in diesem Alter nichts hat«, sagen die Leute, »ist man krank!« Ich habe glücklicherweise Rückenschmerzen am ganzen Körper, und im Bett habe ich, obwohl ich mich da ganz wohl fühle, ewig Eisfüße, weil meine Frau bei offenem Fenster schläft. Da wären mir Zwerge schon recht. Oder Zwerginnen. Gern würde ich mir von ihnen die Füße wärmen lassen, und sie könnten in diesem mitleidlosen Winter aus unsichtbaren oder sichtbaren Füllhörnern Veilchen über mir ausstreuen oder mir glückliche Momente bescheren.

Wie gestern, als sich meine Frau und meine Schwägerin wie die Frösche in unserer neuen Sesselgarnitur vom Einkaufen ausruhten und ich mir im Fernsehen »Louis' unheimliche Begegnung mit den Außerirdischen« ansah, eine künstlerische Delikatesse! Mir platzte beinahe der Kopf. Es war fast so schön wie in dem Film, wo Stan Laurel Wein in Flaschen abfüllte. Ich drohte vor Lachen zu bersten, krümmte mich, fiel nach hinten, heulte auf, strampelte mit den Beinen, überschlug mich fast, prustete, wimmerte, blökte und war nahe dran, glücklich zu sein – wenn meine Schwägerin nicht so grauenhaft gegähnt hätte! Es klang, als wollte eine verbitterte Kuh seit Stunden gemolken werden! Und meine unkluge Frau fragte mich dann auch noch in das Muhen hinein, wie ich als erwachsener Mensch so kindisch lachen könne über diesen spitznasigen Zappelphilipp! Damit meinte sie Louis de Funès! Das kam von meiner Schwägerin, die nicht mal Friedrich den Großen und Karl May leiden kann, nur immer Udo Jürgens. »Reiß lieber nachts das Schlafzimmerfenster nicht so weit auf, du!« zischte ich, denn auf die Kunst laß ich nichts kommen. »Sag nicht du zu mir, du!« zischte meine Frau zurück, worauf wir uns zischend stritten, immer hin und her und ohne Sinn – wie meistens, wenn meine Schwägerin da ist. Weil meine Frau ihrer Schwester einen Idealehemann vorführen will, einen blöden Menschen also, der keine Fehler hat! Ich bin aber kein blöder Mensch, ich habe Fehler; ich schlug mit dem Pantoffel auf den Tisch, daß es knallte.

Obwohl tiefster Januar war. Und heute ist erst recht tiefster Januar, vielleicht sogar noch tiefer. Bitterkalt ist es geworden, Freunde, die Dachrinnen haben Spitzbärte aus Eiszapfen, der Wald steht bis zum Bauch im Pulverschnee, und ganz Europa knirscht, ein Märchenwinter wie von früher bei den Brüdern Grimm, selten und zum Kaputtlachen. Trotzdem aber eine unangenehme Jahreszeit, eine gräßliche! Kaum aber bricht so ein bißchen armselige Sonne durch, wälzen sich irgendwelche Naturburschen wie übermütige Hunde im Schnee und stellen die Behauptung auf, die Welt sei wie verzaubert. Meine Prenzlauer Allee ist nicht wie verzaubert. Hier kann man sich nicht wie die Hunde im Schnee wälzen, höchstens die Hunde. Hier findet diese romantische Art von Winter nicht statt, werte Wintersportfreunde mit den Apfelbacken! Hier zieht's! Hier zwickt's und zwackt's! Hier hat man weißen Lokomotivendampf vorm Mund und stampft mit den Füßen auf. Hier kriecht einem an unwohnlichen Straßenbahnhaltestellen eine ekelerregende Kälte in die Hosenbeine. Ein Kuckuck, und wenn's nur ein ganz kleiner, dummer ist, ist mir tausendmal lieber als ein Winter, mag er noch so groß und schlau sein! Ein Kuckuck ist mir lieber!

Jedenfalls lag meine Frau nach unserem gestrigen Streit bis zur Nasenspitze zugedeckt im Bett, als ich ins Schlafzimmer kam. Bei offenem Fenster! Wo in der Oberlausitz sechsundzwanzig Grad Frost tobten und in Norwegen die Weichen einfroren, von unseren Weichen ganz zu schweigen! Meine Frau hatte ihre lange Wollmütze bis zu den Augen hinuntergezogen, und selbst im Schlaf zeigte der sichtbare Teil ihres Gesichts einen ernsten und traurigen Ausdruck. Man konnte gar nicht glauben, daß sie diese gähnende Schwester hatte!

Ergriffen kroch ich ins Bett, stieß die kupferne Wärmflasche mit den Fersen gegen mein kaltes Gesäß, zog die braunwollenen Fäustlinge über, dachte kurz, aber gerührt an unsere Kinder und begann voller Freude, in meinen vorzüglichen Geschichten zu lesen, wobei es mir schon nach kurzer Zeit so vorkam, als trippelten Onkel Karls Biberlis katzbuckelnd und kichernd durchs Zimmer. Vermutlich knackte aber nur der Kleiderschrank. Leider ist es meistens nur der Kleiderschrank. Weil wir Menschen Ignoranten sind, undankbare Viecher!

Obwohl doch fast ein jeder von uns eine Zuteilung aus dem großen süßen Mustopf bekommen hat, sein Stück vom Paradies, wo Blüten und Schmetterlinge und Karamelbonbons von den Bäumen purzelten, wo rotes und grünes Brausepulver schäumte, wo Vögel lachten, Zwerge grinsten und das Gras bis zur Brust reichte. Jeder war mal dran mit Hopse und Eierpampe, na, aber! Der kleine Riecher befand sich in Blumenhöhe, extra vom lieben Gott so eingerichtet, die Welt duftete bis zum Himmel hoch nach der Wäsche auf der Leine und nach Leben, und an Mutters fröhlicher Brust schlief man abends beim Sommerfest der Kleingartenanlage *Du mein grünes Tal* ein, wenn die Besoffenen grölten und Papa lallte und die Brummfiedeln wieherten, ach, du dickes, grünes Ei, nie wiederkehrende Seligkeit, verfluchte, denn später, nach der schulischen Vorbildung, ist man erwachsen und wird wer und schnallt die Flügel ab.

Man bekommt einen verquollenen oder eisernen Charakter, ersteht einen Videorecorder oder ein neues Schlafzimmer oder beides, und im Urlaub geht's ab nach Spanien, olé! Nur selten noch schallt das Lied der Nachtigall. Man fräst Nuten in Eisenklötze, ißt Bleistifte auf, entwirft elektronische Herstellungsautomaten für Hörnchennudeln, bohrt in der Nase, darf den Löwen spielen, bekommt einen Klaps, springt aus dem Fenster oder erhält von seiner Frau die schriftliche Mitteilung, daß noch Kartoffeln geholt werden müssen: *Die holländischen, zehn Pfund, und zweimal Petersilie, bitte, 1000 Küsse, Juanita, und Oma anrufen, daß der linke Ärmel von Svens Pullover drei Zentimeter zu lang ist, ich habe noch Volkshochschule, was hat sie da zusammengestrickt, der Junge hat doch keine verschieden langen Arme?!*

»So geht's zu!« wie unser Onkel Karl sagte, als er den vereisten Schneeball aufs Auge bekam. Natürlich kann's auch anders zugehen, denn manchmal heißt Juanitas Volkshochschule Wilfried mit Vornamen und hat ein sinnliches Kinn mit einem Kirk-Douglas-Grübchen, der Satan, und außerdem bekommt man sowieso hin und wieder so eins hinter die Krautblätter geschmettert vom Leben, daß man die Engel im Himmel jammern hört, weil sie dort oben vermutlich ebenfalls unzufrieden sind, wo sie doch immer barfuß durch die himmlischen Gegenden fliegen müssen. Bei Frost barfuß, da faßt man sich an den Kopf! Der Winter, das olle Aas, macht eben nachdenklich. Trotzdem tat ich gerade einen Hops, weil ich das grüne Hütchen entdeckte, das eine von mir im Blumentopf vergrabene Tulpenzwiebel ans Licht zu drücken beginnt, und wenn unsere Katze durch die Wohnung springt (soeben tut sie's!), hört sich das an, als würde wer sackhüpfen. Ein unförmiges, aber geliebtes Tier! Wie das Leben. Ein alternativer Schöps! Vielleicht sogar ein verkleideter Butz?

Horcht nur, wie sie an der Tür kratzt! Herein mit dir, du Vieh! Mit kugelrunden Augen glotzt sie mich an und schnurrt. Hören sie unsere dicke Katze schnurren, unsere schwere Suse mit den Plüschpfoten? Sie schnurrt wie ein Kanonenofen, wenn ein Kanonenofen schnurren könnte. Sie schnurrt wie eine Wärmflasche.

Draußen ist es mittlerweile zur Winternacht gekommen. Die parkenden Autos tragen weiße Mützen, die Blattpflanzen drücken ihre Nase an die Fensterscheiben, es treibt der Schnee, drei, vier! Wölfe sind von hier oben keine zu sehen. Vielleicht, weil arbeitsfreies Wochenende ist? Nicht mal Hunde sind zu sehen, von Zwergen gar nicht zu reden. Nein, es gibt keine Zwerge! Alles selber machen müssen wir, es gibt auch keine kinderbringenden Klapperstörche und keine Osterhasen, redet euch das nicht ein! Nicht mal einen Sonnenstrahl gab's heute! Dafür gibt's Weihnachtsmänner das ganze Jahr über. Ob ich dazugehöre, weiß ich noch nicht.

Ich werde es mir aber überlegen. Erst einmal will ich ein heißes Fußbad nehmen und hin und wieder voller Behagen »Ah!« sagen, denn so übel ist der olle Winter nun auch wieder nicht, wie mir eben aufgeht, ist er doch die einzige Jahreszeit, auf welche der Frühling folgt!

Dwai!

Am Himmel gibt es mehr als fünftausend mit bloßem Auge erkennbare Sterne, und jeder dieser Sterne ist größer als ein Auto.

Trotzdem schweigen alle diese Sterne. Sie haben keinen Auspuff, sie knattern nicht, sie verbrauchen keinen Sprit, sie fahren nicht gegen unschuldige Bäume oder Menschen: sie schweigen! Und wenn ich spätabends bei einem guten Sommerlüftchen auf dem Balkon sitze und die besagten Autos Pause machen und die besagten Sterne zu mir herabsteigen mit ihrem stillen, zeitlosen Licht, weiß ich plötzlich, warum ich lebe! Keine Frau Schwaetzer segelt durch die Weite, kein Stern sieht irgendeinem Schlaumeier ähnlich, keine Schlagzeile regnet herab, und Arbeitslose gibt's da oben auch keine. »Sieh an«, denke ich, »dies ist der beruhigende, vom lieben Gott errichtete Sternenhimmel, ich lebe!«

Als aber letztens diese Teufelin im Fernsehen mit ihrem kleinen zittrigen Stimmchen sechs Minuten lang so bösartig über den Zustand der Welt sprach, daß ich alter, dicker Hund sechs Tage lang schwermütig wegen des Zustands der Welt war und nicht einschlafen konnte und nicht einmal Bier wollte, hat diese Teufelin bewirkt, daß ich sofort wieder nicht mehr wußte, warum ich lebe. Wenn ich Klärchens Quarkkuchen esse, weiß ich beispielsweise, warum ich lebe. Ein Quarkkuchen wie *Corona Australis*, die südliche Krone, um beim Sternenhimmel zu bleiben. Da lohnt sich das Menschsein. Da freut man sich, daß man kein Rindvieh geworden ist. Aber plötzlich schreibt die Presse: »Im Quark ist Asbest, liebe

Leute! Vorsicht, meidet Quarkkuchen!« Und schon weiß ich wieder nicht mehr, warum ich lebe und Mensch bin.

Trotzdem möchte ich nicht zu den Tieren gehören, denn unsere zwei- und vierbeinigen Kameraden mit den treuen Augen scheinen ja, von den Lebensfragen ganz abgesehen, nicht einmal zu wissen, daß sie zum Großteil aufgegessen werden, und zwar vom so oft gepriesenen Menschen, dem Luder! Wüßten sie das, würden sie sich vermutlich nicht mehr aufessen lassen oder in den Hungerstreik treten, zu Haut und Knochen werden, wie? Obwohl der Mensch die Tiere natürlich nicht nur aufißt, sondern auch lieb zu ihnen ist, das muß auch mal gesagt werden, sonst springt man ja aus dem Fenster. Manche Leute ziehen ihren Hunden sogar putzige Mäntelchen an. Und die heiligen Kühe in Indien! Und Fury! Und Lassie! Und dem Wellensittich, dem Hansi, geht's richtig gut bei Tante Ulla, was? Oder meine liebe Mutter, die mußte beispielsweise ihren Hühnern, als die noch jung und schön waren, beim Eierlegen immer die Pfoten halten, weil die Hühner das wünschten – ohne Pfotenhalten gelangen die Eier nicht! Und unser Karl-Wilhelm ist sogar im Zoo beschäftigt. Er kann vorzüglich den Pfiff der Zwergmaus nachahmen, der liebe Mensch.

Das versöhnt! Da weiß man wieder, warum man lebt. Da weiß man, warum auf Chagalls Bildern Geiger durch die Luft fliegen. Aber dann kommt so ein gewissenloses Aas wie mein Vetter Alfred und sagt: »Geiger können höchstens aus dem Orchester fliegen, nicht durch die Luft, ich muß es wissen, ich bin Orchestermusiker und war auf dem Konservatorium, Chagall hat unrecht!« Da weiß man gleich wieder nicht mehr, warum man lebt.

Darum tut es mir eben auch weh, daß mein Vetter Alfred, ein kastenförmiger Mensch, den man ebenso für einen Schmutzwäschebehälter halten könnte, denselben Familiennamen wie ich trägt, angeborenerweise zwar, aber eben leider auch in der Öffentlichkeit. Wenn wenigstens ich nicht so wie er heißen würde, sondern vielleicht Elvis Presley, der Junge mit der Mundharmonika, was? Aber ich heiße nicht Elvis Presley, ich heiße wie mein würfelförmiger Vetter, zu Hause nennt man mich sogar »Papi«! Können Sie sich vorstellen, liebe Leserinnen und Leser, den berühmten Roman *Vom Winde verweht* von Papi? Es wäre nie zum zweiten Teil und dem vielen Geld gekommen!

Vermutlich hätte ich aber auch, wenn mein Vetter Alfred in all seiner Kastenförmigkeit einen anderen Namen getragen hätte, Schniepke etwa, einen Dreck davon gehabt. Mit Schniepke bin ich nämlich auch schon hereingefallen! Kaum hatte ich diesen blöden Namen in einem Poem verwendet, rief mich auch schon einer an: »Entschuldigense mal, sind Sie der Verfasser von dem ollen Ding da mit Schniepke?«

»Warum?« fragte ich.

»Weil hier Schniepke ist, darum! Schniepke gibt's nämlich fast nur mich! Wie kommen Sie dazu, meinen Namen in Ihrem ollen Ding da zu verwenden, Sie Schnösel?«

»Ich habe den Namen frei erfunden!« antwortete ich stolz.

»Wie kommen Sie dazu, meinen Namen zu erfinden, Sie seltsamer Apotheker, erfinden Sie sich doch selber!« schrie der Kerl, und vermutlich wird er nach dem Erscheinen dieser Geschichte wieder bei mir anrufen und mich beschimpfen. Und schon fragt man sich, warum man lebt!

Darum will ich hier gleich noch rücksichtslos feststellen – wenn's um die Wahrheit geht, kann ich zum Teufel werden! –, daß ein jeder von uns Schniepke sein kann, keiner ist frei von Dämlichkeit! Schniepke lebt überall, das Weltall wimmelt von Schniepkes, und vielleicht hießen sogar unsere kiementragenden Vorfahren Schniepke. Selbst wenn ich meinen Bruder Paul ansehe, sehe ich Schniepke. Und sehe ich mich an: Schniepke! Sogar unsere Katze rufe ich manchmal

Schniepke, Herr Schniepke! Und sie kommt! Da weiß ich gleich wieder, warum ich lebe!

Ein totaler Himphamp, wie man sieht, einmal weiß man's, einmal nicht, ein Martyrium. Wie gestern, als ich von meiner schweren, stürmischen Schauspielerarbeit aus dem Theater komme, völlig fertig auf dem Karton, genervt bis in die letzte Lamelle, mit hängender Nase, abgemolkener Seele und leergebranntem Gehirn, da sehe ich mich, wie man's normalerweise tut als Gentleman, nach einer Dame um, weil sie trotz eines anmutigen Kerngehäuses ziemliche Stachelbeerbeine hat, ich staune noch über die Vielfalt des Weiblichen an einem einzigen Körper, fühle auch etwas in mir erwachen, der Kuckuck beginnt sich zu räuspern, und fast hätte ich sogar schon wieder gewußt, warum ich lebe, da rennt doch, als ich mich wieder nach vorn drehe, genau in diesem Augenblick direkt vor mir eine Katze von links nach rechts über den Weg!

»Rechts pecht's, Hannes!« sagt sofort eine beschwörende Stimme in mir. Worauf ich mich natürlich gleich wieder nach hinten drehe und rückwärts über die Fußspürchen der Katze gelaufen bin, weil dann für mich rechts links war und »Links gelingt's!«, das weiß jeder Idiot. Aber das schlechte Omen, das rechte Pechen rotierte wohl schon, denn trotz des eigentlich in diesem Falle für mein Schicksal günstigeren Rückwärtslaufens bin ich sofort in einen mit blödem, unzuverlässigem Schwanken, wie es die Radfahrer heutzutage an sich haben, daherkommenden Radfahrer hineingelaufen.

Durch das folgende Geblöke des Radfahrers (über diese Brüder weiß ich jetzt auch Bescheid!) fiel ich dann mit meiner am Gesäß zerrissenen Hose in eine so tiefe Verzweiflung, daß ich überhaupt nicht mehr wußte, warum ich lebe, rein gar nicht mehr wußte ich es, es war zum Kotzen, richtig ordinär, wie die Graupensuppe früher im Krieg bei der vormilitärischen Ausbildung in der Grenadierkaserne zu Dresden, genau wie diese schleimigen, hagelkornähnlichen Kasernenschloßen in trauriger Zeit. Ich hielt nur immer den Einkaufsbeutel auf das Loch hinten, denn einen Einkaufsbeutel habe ich – eine Angewohnheit aus alten DDR-Zeiten noch – glücklicherweise immer dabei.

Kurz vor zu Hause aber sah ich dann zwei winzige Mädchen ankommen, Hand in Hand, vermutlich Geschwister, zwei kleine Mädchen wie aus der Puppenstube, rund und frischgebacken, »das bliehende Läben«, wie die Sachsen sagen, auf dem Weg zum Süßwarenladen, wo es Eis gab, und das eine kleine Mädchen war, was eigentlich unmöglich schien, beinahe noch kleiner als das andere kleine Mädchen, und zu dem noch kleineren Mädchen sagte ich dann, weil es mit den unheimlich kleinen Stampfern so verwegen ausschritt: »Kannst ja schon ganz schön große Schritte machen, Kleine!« Und da antwortete mir das größere kleine Mädchen: »Rechnen kannse ooch schon!« Und dann schrie sie das kleinere kleine Mädchen an: »Wieviel ist eins und eins, sag det mal, Roswitha!«

Und da sagte das kleinere kleine Mädchen wie aus der Pistole geschossen mit himmelhoher Stimme: »Dwai!« – »Dwai!« sagte das kleinere kleine Mädchen, und da wußte ich sogar bis zum nächsten Morgen, warum ich lebe! So kämpft man sich durch in dieser geliebten, verfluchten Welt, und der Mitmensch hilft einem manchmal dabei, selbst wenn er noch ein minderjähriges Kind mit unheimlich kleinen Sauerkrautstampfern ist.

Warum mir letztens die Haare zu Berge standen

Ich weiß nicht mehr genau, ob ich den Einfall mit dem aus dem Jahr 3000 selber hatte, vielleicht stammte die Idee auch von Hellmuth, oder es kam von den Mieterhöhungen, jedenfalls begann ich am Montag letzter Woche eine sogenannte Science-fiction-Geschichte zu schreiben und beschäftigte mich darum mit dem Phänomen der Zeitreise, wobei ich im Selbstversuch feststellte, daß beispielsweise eine Reise in die Vergangenheit durch bloßes Rückwärtslaufen schon mal überhaupt nicht möglich ist. Rückwärtslaufen, stellte ich fest, ist vom Ablauf der Zeit her gesehen ein riskantes Vorwärtslaufen. Das wurde mir klar anhand eines geprellten Steißknochens.

Weiterhin wurde mir klar, daß unsere immer so wichtig tuende Gegenwart nur aus Vergangenheit und Zukunft besteht, zwischen denen der Mensch wie die Fleischwurst in der Klappstulle steckt. Ein furchtbarer Gedanke, wenn man an das Schicksal der Fleischwurst denkt!

Aber ich wollte nun mal eben aufgrund der vorliegenden Marktwirtschaft nicht nur immer über mich selbst schreiben. Obwohl auch das ein dankbares Thema ist, denn was ich da neulich mit Schnabelbusch erlebte – ich will hier gar nicht erst damit anfangen, sonst kippen Sie vor Lachen aus den Latschen! Jedenfalls fordert das Leben eines marktwirtschaftlichen Autors den ganzen Menschen. Ich kann Ihnen gar nicht sagen, wie oft man mich schon als »Rindvieh« bezeichnet hat! Auch schon in der Zeit vor der vorliegenden Marktwirtschaft. Darum mußte endlich diese verdammte Zeitreise her! Schließlich verlangte die vorliegende Marktwirtschaft nicht nur überraschende Unterhosen und ähnliches, sondern auch überraschende Geschichten. Zudem beherrscht mich die Neigung zum Schreiben schon seit meiner Kindheit. Ich kann kein leeres Papier vor mir sehen. Ich muß es zuschreiben, auch wenn man mich dabei zu erschlagen versucht!

Leider hat man mich in der Schule, obwohl ich schon nahe dran war, nicht einmal zur Erfindung des Perpetuum mobile kommen lassen, nur immer Schularbeiten, Schularbeiten! Später schrieb ich aber um so heftiger. Mein Gott, wie oft in meinem Leben habe ich zum Beispiel das Wort »ich« geschrieben, ein Personalpronomen. Aber nun drängte die vorliegende Marktwirtschaft, ich mußte mich mit der Zeit beschäftigen, nicht mit mir, und schon am Mittwoch letzter Woche war ich so weit, daß ich mich zu fragen begann, warum die Zeit nicht auch mal für einige Zeit stehenblieb?

Meinem Vetter Egon Stebmaier wäre das nämlich beinahe passiert!

Wacht er doch letztens auf und stellt nach einem Blick auf den Wecker fest, daß er noch eine Stunde schlafen kann, weil es erst fünf ist. Als er nach einer Stunde wieder auf den Wekker sieht, ist es immer noch fünf. Mein Vetter wollte sich aber nicht zu früh freuen, sondern beobachtete den Wecker. Als dieser, nachdem mein Vetter, obwohl er noch andere größere Zahlen kannte, bis 1638, seiner persönlichen Geheimzahl fürs Konto, gezählt hatte, immer noch auf fünf zeigte, wußte mein Vetter, daß die Zeit stehengeblieben war, und er hat sich erfreut auf die andere Seite gelegt. Leider wurde er dann von seinem brüllenden Chef, einem gewissen Dr. Strützner, einem Wichtigtuer erster Güte, telefonisch aus dem Schlaf gerissen, weil es, wie mein Vetter sagte, diesmal leider doch nicht der Stillstand der Zeit gewesen war, sondern schon halb neun. Sicher aber erkennt man an dieser Begegnung, daß der Mensch auf einem mystischen Pulverfaß sitzt.

Vielleicht war auch das für mich der Grund, trotz des Abratens unserer Oma auf der Zeitreise zu beharren. Natürlich hätte ich Ihnen hier auch etwas anderes erzählen können – beispielsweise die urkomische Sache mit Schnabelbusch! –, aber der Mensch des vorliegenden Marktes giert nicht nach Liebe, sondern nach Sensationen, der möchte Tarzan sein, Dracula oder Willi Putzke (der kürzlich die zweieinhalb Millionen im Lotto gewonnen hat!), er wünscht sich, daß sein Abteilungsleiter in Hundertmarkscheine zerplatzt oder sein Dobermann sich in Barrengold verwandelt, also dachte ich weiter über die Zeit und über den aus dem Jahr 3000 nach, wovon mir jedoch seit Donnerstag letzter Woche außer unserer Oma auch Hellmuth abriet und mich dringend aufforderte, das Denken zu meiden, ich sei nicht geeignet dafür. Obwohl ich eine Menge Gedanken hatte! Denn war es nicht merkwürdig, daß es die Zeit nach vorn und nach hinten als Zukunft und Vergangenheit gab, daß aber nach rechts und nach links in dieser Hinsicht rein gar nichts zu existieren schien?

Ohne Zweifel ein faszinierendes Thema, aber eben auch eins, bei dem man verblöden kann, denn meine eigentliche Grundidee war, daß einer aus dem Jahr 3000 mit einer Zeitrakete, von der er sagt, er hätte sie soeben erfunden, ins Jahr 1995 reist, wo er auf einen stößt, der die ihm unbekannte Zeitrakete abguckt, während er mal austreten ist, und sie, nachdem der aus dem Jahr 3000 ins Jahr 3000 zurück ist, nachbaut, um mit ihr sofort ins Jahr 3000 zu reisen, wo er noch vor der Erfindung der Zeitrakete durch den aus dem Jahr 3000 ankommt, infolgedesssen der aus dem Jahr 3000 die ihm unbekannte Zeitrakete von dem aus dem Jahr 1995, während der mal austreten ist, abguckt und sie, nach dessen Rückkehr ins Jahr 1995, nachbaut und nun wie oben sagen kann, er hätte soeben die Zeitrakete erfunden, mit der er wiederum ins Jahr 1995 reist, wo er zu einem Zeitpunkt eintrifft, der vor dem Zeitpunkt seines vorherigen Eintreffens liegt, so daß der aus dem Jahr 1995 die ihm nun wieder unbekannte Zeitrakete aus dem Jahr 3000 abguckt und, als dieser ins Jahr 3000 zurück ist, nachbaut, um mit ihr erneut ins Jahr 3000 zu reisen, damit der aus dem Jahr 3000 dann wieder sagen kann, nachdem er die ihm unbekannte Zeitrakete von dem aus dem Jahr 1995 abgeguckt und nach dessen Rückreise ins Jahr 1995 nachgebaut hat, er hätte soeben die Zeitrakete erfunden – und so geht das immer weiter, die reinste Zeitgeschichte eben, ein *Circulus vitiosus*, ähnlich der Entstehung des Universums, zum Verblöden!

Angesichts dessen wird der Leser nicht nur unsere Oma begreifen, sondern er wird auch verstehen, warum ich nach mehrmaligem Durchdenken dieser Zeitreise Potenzstörungen bekam, denn die Beschäftigung mit der Zeit ist wie lauter Ohrfeigen. Vermutlich war ich mit der Sache in eine Zeitschleife geraten, in etwas Kosmisches, nur von Albert Einstein oder dem lieben Gott zu klären? Meine Gedanken verknoteten sich jedenfalls, es klemmte. Vielleicht hätte ich die Science-fiction-Geschichte trotzdem vollenden können, wenn ich aus Wuppertal gewesen wäre oder aus Bad Kissingen. Aber ich bin vom Prenzlauer Berg, Ost-Berlin, ein ungeschulter Bürger. Obwohl unsereiner marktwirtschaftlich gesehen auch nicht weniger wert ist als eine EG-Eierpflaume, oder?

Jedenfalls standen mir aus diesen Gründen in der letzten Woche mehrmals die Haare so zu Berge wie Ziebarths Ellen aus dem Hinterhaus, nur daß es bei Ziebarths Ellen grüne Haare sind. Schon ab Freitag rief unsere Oma darum dauernd triumphierend »Siehste! Siehste!«, wenn sie mich erblickte, und meine Frau wurde von den Leuten gefragt, warum ich neuerdings wie Ziebarths Ellen aussähe, nur nicht so grün? »Er denkt über die Zeit nach!« hat meine Frau geantwortet und sich geschämt, aber die Leute sollen verständnisvoll genickt haben, sagte sie, und am Sonntag kam dann ein großer Frieden über mich, denn mir wurde klar, daß nicht jeder Karl Lagerfeld oder Luciano Pavarotti sein kann, es mußte auch unsereinen geben. Ich hätte eben nur gleich auf den marktwirtschaftlichen Ehrgeiz pfeifen und Ihnen die urkomische Sache mit Schnabelbusch erzählen sollen, ich Rindvieh!

Alte Postkarten

Eigentlich kenne ich Schmittke nur von der Straßenbahnhaltestelle, ich kann ihn schon gar nicht mehr sehen, bekomme Gleichgewichtsstörungen bei seinem Auftauchen, weil er immer von alten Postkarten redet und wie ein Schießhund aufpaßt, ob man auch zuhört. Schon nach kürzester Zeit tut einem in seiner Gegenwart die Schnauze weh vom Lächeln. Vor der Wende war er Musiker, spielte so eine Art Campingklavier, ein Ding, das man wie ein Xylophon im Stehen bedient, aber nicht mit Klöppeln, sondern mit den Fingern, wobei man hin und wieder leicht in die Knie geht. Er hätte damit auch im Musikantenstadel auftreten können, diesen Charakter hatte das Instrument.

Heute lächelt Schmittke nur, wenn man ihn nach seinem Campingklavier fragt, vielleicht war's von der Stasi ausgeliehen? Er geht aber immer noch hin und wieder leicht in die Knie, das hat er sich aus seiner musikalischen Vergangenheit bewahrt. Dazu trägt er einen Kopf auf den Schultern, den man immer angucken muß. Wie den Schiefen Turm von Pisa etwa. Trotz dieses Kopfes begegne ich ihm dauernd an der Haltestelle.

Wie neulich, ich warte flehend auf die Bahn, eine dicke Frau, die etwas Grabsteinartiges an sich hatte mit ihren riesigen Schulterpolstern in der Bluse, beginnt schon nervös zu wimmern, da erscheint, hin und wieder leicht in die Knie gehend, Schmittke, ich hatte es geahnt, bei Schmittke bin ich hellsichtig, obwohl er diesmal nicht mit der Bahn weg wollte, sondern nach Hause, »alte Postkarten sortieren«! Aber wenn ich an der Haltestelle stehe, erscheint eben erst einmal Schmittke: Er ist mein Schicksal – wie der frühe Wahnsinn bei Hölderlin!

»Das ist der Dank!« dachte ich bitter, denn das hatte ich nicht verdient. Immerhin habe ich am 28. August 1943 als blutjunges Kind den Reichsschwimmschein erworben, also die Prüfung im Schwimmen über fünfundvierzig Minuten abgelegt. Im eiskalten Wasser! Ich war ganz blau danach und hätte, wie mein Bruder Paul mir gestern vorrechnete, in der nur siebzehnfachen Zeit den Ärmelkanal durchschwimmen können, dann aber stark eingefettet! Aber Fett gab's ja damals nicht, das hätten wir aufs Brot geschmiert. Sonst wäre ich vielleicht heute Engländer! Außerdem hatte ich in den diesjährigen Sommerferien – was vielleicht noch schwerer wog als der Reichsschwimmschein! – neunundzwanzig Tage lang Mahlmanns Rudi gefüttert, ein knochiges, wild aussehendes Meerschwein, völlig zugewachsen mit schwarzbraunen Locken, schwarzbraun wie die Haselnuß, und wüsten Haarwirbeln, etwas undankbar, stark schielend und nicht ungefährlich. Beispielsweise fauchte mich der Teufel immer an, wenn ich ihm mit dem Eierlöffel das warme Haferflockensüppchen oder einen deftigen Bohneneintopf einzutrichtern versuchte. Ich hab ihm dann nur noch ungekochtes Grünzeug und rohes Heu gegeben.

Das ungekochte Grünzeug ging ja noch, aber das rohe Heu hat furchtbar geschmeckt, ich hab's probiert, es war kaum runterzukriegen. Rudi hat trotzdem rote Backen davon bekommen und manchmal sogar gelächelt. Als Mahlmanns wieder zurück waren, hat er bei meinem Erscheinen freilich wieder gefaucht, der falsche Fuffziger!

So geht's zu im Leben: Undank, verspätete Straßenbahnen, im Radio eine die allgemeine Verblödung fördernde Musik (sie sollten auch Nachrichten und Wetterberichte singen lassen!), saudumme Traumschiffe, in der Politik immer wieder neue Tragödien – und an der Haltestelle dann zur Belohnung Schmittke!

Wo ich viel lieber für mich allein warte! Da betrachte ich die vorübereilenden Mädchen und deren Beine, die heutzutage nach obenhin gar nicht mehr aufhören wollen, weil doch die Mädchen diese engen, schwarzen Hosen tragen, wie abgeschnittene Taucheranzüge aus Gummibärchenmaterial, mein Gott! Oder ich sehe mir vorüberfliegende Vögel an und mache mir meine Gedanken über vorüberfliegende Vögel und über das Vorüberfliegen überhaupt. Momentan hab ich's auch gern, die mir unsympathischen Passanten leise zu beschimpfen. Angenehmer als Schmittke ist es jedesmal, wo er doch immer »Onkelchen« zu mir sagt und nichts anderes als alte Postkarten kennt. Vielleicht hält er sogar mich für eine alte Postkarte, wer weiß?

Der alte Knochen war auch noch gar nicht richtig da, da zieht er auch schon, leicht in die Knie gehend, in der allerordinärsten Art (er kam gerade von einem Tauschpartner!) über Postkartensammler her, redet von »ausgekochten Mistbökken« und pustet sich mächtig auf. »Im Mittelalter«, blökte er, »hätte man solchen Kreaturen die Ohren abgeschnitten!«

»Als Junge habe ich Zahnräder gesammelt, Herr Schmittke!« erwiderte ich, um das Thema zu wechseln, denn die Leute sahen schon her. »Aber heute«, erklärte ich den Leuten, »sind mir Speckbratkartoffeln lieber!« Die Leute wandten sich ab, und Schmittke glotzte.

»Die Postkartensammler sind allesamt verrückt geworden, Onkelchen!« sagte er plötzlich. Bis auf ihn natürlich, sagte er, denn er sammle nur ganz locker, obwohl er es bedauerlich finde, daß beispielsweise bei Konzertübertragungen im Fernsehen statt der häßlichen Musiker mit ihren altmodischen Biedermeierköpfen nicht mal alte Postkarten gezeigt würden. Aber davon verstünde ich ja nichts. »Nee!« erwiderte ich, obgleich ich von Fritz Niemeier her auch ein wenig mit alten

Postkarten vertraut war und beispielsweise wußte, daß alte Kunstpostkarten der Wiener Werkstätte oder solche von Alfons Mucha mit sogenannten Jugendstilmotiven ein Heidengeld kosteten, da hätte ich schon gerne auch einige Hundert besessen.

»Meine Enkeltochter besitzt«, log ich, »noch von unserer Uroma einen dicken Packen alter Postkarten ›Wiener Werkstätte‹ und solche von Alfons Mucha!«

Schmittke riß das Haupt nach oben wie ein Ballettsolist. »Stückpreis mindestens hundertfünfzig Piepen!« warf er hektisch und unüberlegt ein.

»Die hat meine Enkeltochter«, log ich weiter, »letztens erst alle rundum gelocht und mit bunten Wollfäden zu hübschen Geschenken verbastelt, kleine Klapphäuser, kleine Klappbücher, kleine Klappkästen! Mir hat sie eine Klappbrieftasche gebastelt, ganz allerliebst, aber erst für Weihnachten!«

»Mein Gott, Wiener Werkstätte und Alfons Mucha gelocht!« wimmerte Schmittke. »Das ist ja wie Sachsendreier aufessen!«

»Im Kreuzstich!« erläuterte ich.

»Die Löcher hat sie vorher mit der Kinderschere reingebohrt!«

»Alle wertlos!« schrie mich Schmittke an. »Eine Kulturschändung, alle wertlos! Können Sie nicht mal nachsehen, ob noch was Ungelochtes dabei ist, bitte, bitte, bitte? Obwohl«, setzte der gerissene Hund hastig hinzu, »die meisten alten Postkarten einen Dreck wert sind. Der Preis wird nur durch perverse Sammler hochgetrieben, die nichts weiter als alte Postkarten im Kopf haben, ist das nicht furchtbar? Begrüßen würde aber auch ich es, wenn man an unseren Theatern nicht nur immer die gierigen Schauspieler, womit ich nichts gegen Sie gesagt haben möchte, auf der Bühne sehen würde, sondern auch mal alte Postkarten!« Er könne sich auch, sagte Schmittke, für die Sportberichte im Fernsehen statt der langweiligen Bundesligaspiele eine spannende Übertragung alter Postkarten vorstellen. »Ungelochter natürlich!« setzte er wütend hinzu.

»Ich guck schon, ob noch was Ungelochtes da ist!« sagte ich, doch Schmittke sah mich weinerlich an. Für diesen Tag hatte ich seinen Optimismus zerstört! Zwar sei er, rief er, gegen jedwede Übertreibung beim Postkartensammeln, aber warum bestehe das Wechselgeld nicht aus alten Postkarten in Zellophanhüllen? »Und sehen Sie mal diese Krähe da, Onkelchen«, rief Schmittke, und ich sah die Krähe, ein gewaltiges Vieh, aus Sibirien vermutlich, mit Froschaugen und struppigem Bart, und die verdammte Bahn erschien endlich, und ich verklemmte mich beim Einsteigen so in der automatisch schließenden Tür, daß diese (wie mein Bruder Paul, als er im Frühjahr die Nierenkolik hatte) nervtötend zu quäken begann und der Fahrer sofort nach hinten gestürzt kam. Glücklicherweise! So konnte ich noch hören, wie mir Schmittke verzweifelt zuschrie: »Warum ist diese Krähe keine alte Postkarte, Onkelchen?«

Leider wußte ich es auch nicht. Auch der Fahrer zuckte mit den Schultern.

»Es ist Schmittke aus der Jablonskistraße«, erklärte ich dem Fahrer. »Vielleicht kaufe ich dem armen Hund auf dem Trödelmarkt einige alte Postkarten!«

»Das müssen Sie wissen, ich bin im Dienst!« entgegnete der Fahrer und ging wieder nach vorn. »Und das nächste Mal früher einsteigen, Meister!« rief er.

Dann klingelte die Bahn und fuhr ab, und ich sah, wie Schmittke immer kleiner wurde, immer kleiner, Gott sei Dank!

Wir hatten mal ein Auto

Vor dem Krieg, als ich eine grasgrüne Pflaume war, ein übermütiger Salathüpfer, jubelnd, rotznäsig und ans weiße Einhorn glaubend, ließ sich meine liebe Mutter jedes Jahr einmal mit meinem Bruder Paul und mir bei einem mageren Fotografen in Dresden fotografieren, als Weihnachtsüberraschungsgeschenk für meinen armen Vater sozusagen. Obwohl er uns das ganze Jahr über hatte, bekam er uns zu Weihnachten noch einmal auf Hochglanzpapier, meine Mutter im hellgrauen Schneiderkostüm, meinen mürrischen, frischgekämmten Bruder Paul in Knickerbockern und mich in Pauls abgelegtem Bleyle-Anzug, einem schrecklichen Ding, Gott behüte die Unschuldigen! Meist lächelte ich wie ein Idiot auf dem Foto, aber das spielte keine Rolle, weil ich mich sowieso immer häßlich fand. Mein Vater hat sich trotzdem gefreut darüber, er war ein guter Mensch.

Nach Dresden fuhren wir mit der Eisenbahn, dritter Klasse mit Holzbänken, es klingt so weit her, wie aus einer fremden Zeit von einem anderen Stern, aber es war nur in den späten dreißiger Jahren, die Nazis tobten schon durch die Landschaft, und die Eisenbahn war der Personenzug aus Arnsdorf, wo man nicht zum Fenster rausgucken durfte, weil einem dann glühende Rußstückchen ins Auge gepustet werden konnten. Wie man immer wieder von schlauen, großohrigen Sachsen hörte, befand sich in Arnsdorf die berühmte Drehscheibe, auf der man ganze Lokomotiven um sich selber drehen konnte. Man sagte sogar: »Arnsdorf an der Drehscheibe.« Die Reisenden, die aus Arnsdorf kamen und schon würdevoll im Abteil saßen, wenn wir einstiegen, sahen uns dann auch meist so an, wie uns schien, als seien sie auf irgendeine besondere Weise an der Drehscheibe beteiligt oder zumindest schon einmal dort um sich selber gedreht worden.

Außerdem roch es im Abteil nach Leberwurststullen und Kölnisch Wasser, mit etwas Heidelbeere dazwischen, so, wie ich mir den Geruch des Glücks vorstellte, wozu noch beitrug, daß wir nach dem Fotografieren immer mehrere kochendheiße Knoblauchwürste mit viel scharfem Senf essen gingen, eine Vorkriegsdelikatesse aus Tausendundeiner Nacht – vielleicht sind wir auch nur deshalb nach Dresden gefahren, und das Fotografieren war nur ein Vorwand? –, ein teurer Spaß jedenfalls, welcher von unserer lieben Mutter mit einem dankbaren »Heude ham mor wiedor wie bei Firschtens geläbt!« quittiert wurde.

Darum war es trotz des schrecklichen Bleyle-Anzugs und der nur zwanzig Kilometer eine richtige Reise für Kenner, von der ich fast jedesmal mit einem Herpesbläschen auf der Oberlippe, einer sogenannten »Griebe«, heimkam. »Das kommt von dor Luftvorändorung!« sagten die Nachbarn dann, denn in Sachsen sind die Menschen nicht nur schlau, sondern auch gebildet.

Heute, wo man schneller an ein neues Auto als zum Bahnhof kommt, lacht der Autobesitzer natürlich über dieses Höchstmaß an kindlicher Blödheit. Aber ich bin kein Autobesitzer mehr, denn wenn ich von meinem Wohnzimmer aus über die Prenzlauer Allee in die Fröbelstraße hinunterblicke, steht da an der Ecke neben dem Hydranten eine fremde, mir schrecklich gleichgültige Mühle mit großer Schnauze. Sie steht an genau der Stelle, wo mein Blick einst auf das Loch links hinten im Dach unseres biberbraunen Skodas fiel. Ein Loch, das der Kraftfahrzeugmeister Stebmann 1986 mit seiner rücksichtslosen Daumenmaus in den Rost gedrückt hatte, um mir und meiner Familie zu beweisen, daß unser geliebter

Skoda »das reinste Nudelsieb« sei. Auch die anderen Rostlöcher konnte man, wie mir soeben einfällt, mühelos vom Wohnzimmerfenster aus erkennen, ich will den Wagen hier nicht verklären. Außerdem fuhr er, wie mir soeben ebenfalls wieder einfällt, wenn er fuhr, als hätte man Kopfsteinpflaster in ihn eingebaut.

Obwohl ich dreimal einen Kurs in Erster Hilfe absolviert hatte und mich in der sogenannten stabilen Seitenlage vorzüglich auskannte, besaß ich eigenartigerweise keine Fahrerlaubnis, wie man es damals nannte, der Himmel mag wissen, warum ich keine besaß. Aber meine Frau besaß einen Führerschein, sie hatte die Fahrschule besucht. Bei einem Fahrlehrer, der Herr Schnupperbauer hieß und ein Genie war. Infolgedessen wußte meine Frau über das Linksabbiegen, über Verkehrshütchen und das Einlegen von Gängen so gut Bescheid, daß wir uns vor zirka fünfzehn Jahren dazu entschlossen, den oben genannten gebrauchten biberbraunen Skoda namens IX 01-30 von Heinrich zu kaufen, ein richtiges Auto, das Heinrich sogar eigenhändig anlieferte. Vermutlich kam ihm der vereinbarte Preis aber schon da zu niedrig vor, denn er machte einen spitzen Mund dabei.

Schwere Kämpfe hat mich nach dem Kauf das Hineinkommen in das Auto gekostet, ich gesteh's, weil mich vor allem die hübsche, aber neugierige Frau Ellermann von über uns durch ihr winziges Klofenster dabei beobachtete, und ich es in der ersten Verwirrung mit dem Zündschlüssel versuchte. Obwohl ich, nachdem ich den Irrtum bemerkt hatte, heitere Volkslieder zu pfeifen begann, verklemmte sich der folgende Schlüssel so im Türschloß, daß Heinrich kommen mußte. Ulkigerweise war dieser Schlüssel aber dann nicht, wie ich angenommen hatte, der Schlüssel für den Tankverschluß, sondern unser Briefkastenschlüssel. »So viele Schlüssel gibt's!« staunte ich, und Heinrich machte einen spitzen Mund.

Von da ab sind meine Frau und ich noch auf vielen Kreuzungen stehengeblieben, Zündkerzen tropften, Kühlwasserschläuche platzten, Dampf stieg auf gen Himmel, Scheibenwischer schlackerten, Einspritzdüsen krepierten, Blinker zersprangen, Kinder wimmerten, Mütter irrten, Ersatzteile fehlten, Bremsbeläge qualmten, und bei naßkaltem Wetter wollte der intelligente Wagen überhaupt nicht fahren, obwohl wir ihn in solchen Fällen erst zu streicheln und dann zu treten pflegten, von den furchtbaren Beschimpfungen gar nicht zu reden. Vielleicht hatte er kein besonders großes Gehirn, eine große Seele aber hatte er bestimmt. Und seinen Geruch habe ich noch in der Nase, einen Geruch von alten, modrigen Äpfeln, von Sprit, Bienenhonig und Kinderwindeln, mit etwas Heinrich dabei, viel Schmieröl, einer Menge Wald, und auch die Ferne war darin mit Sternen und Butterblumen und dem grünen Rauschen der Bäume.

Wenn mir so ein Geruch heute irgendwo begegnet, laß ich, während mir geheimnisvolle Schauer den Rücken hinunterlaufen, die Blicke kreisen. Aber unser Skoda ist nicht mehr, er ist den Weg alles Fleisches gegangen. Schon im Frühjahr '91 wurde er wegen angeblicher und wirklicher Schrottreife abgeholt vom Abschlepp- und Autowrackentsorgungsdienst Zumpe, Berlin. Über eine Schräge hat der sechzigjährige Jungunternehmer Herr Karl Zumpe ihn persönlich mittels einer Spezialseilwinde unter den Anfeuerungsrufen seiner Frau auf den Abschleppwagen gezogen. Wie ein altes, krankes Pferd, das gar nicht hochgezogen werden wollte! Für hundertfünfzig Mark, der Pferdeschlächter! Ich dachte, nun wird gleich die Fröbelstraße explodieren oder der Himmel in Tränen ausbrechen, aber nichts geschah, keiner wieherte, kein Aas stöhnte auf, Herr Zumpe fuhr nur, zufrieden mit seiner Seilwinde, den hundertfünfzig Mark und sich, nebst seiner Frau davon.

Ein biberbrauner, gutmütiger Skoda, ein S 100 namens

IX 01-30 war's. Nur einmal hat sich Klara an seiner oberen Türschwelle den Schädel gestoßen, sonst war er wie ein Lamm und fast nur da zu unserer Herzen Freude, eine Lust- und Trostkutsche für Familientransporte nach Sachsen an der Elbe oder ins stille Mecklenburg, eine Insel des Vergessens mit leichtem Dachschaden und trotzdem parteilos. Man konnte den Staat und die Verwandtschaft in ihm beschimpfen, er schwieg. Nicht mal die Mauer wollte er sehen, der Sauhund, nur natürlich gewachsene Dinge. Dort, wo die Grasmücken kopfstanden, begann er zu glänzen. Wenn der Specht mit dem kleinen Fingerknöchel an die Bäume klopfte, schnurrte er. Schüttelten wir dem Haselhuhn die putzigen Pfoten oder lauschten mit begeisterten Ohren dem Zilpzalp-Ruf des braunen Weidenrohrsängers, war er dabei. Durch die Wälder, durch die Auen ging die Fahrt, immer am Kuckuck entlang, wo die Birken ihre Röcke hoben und der fluchende Radfahrer am Wegesrand die Fäuste schwang, ein Auto wie die Goldelse, zum mächtig Liebhaben!

Nun ist der Ärger mit den Ersatzteilen und der Werkstatt schon lange vorbei, das Auto sitzt uns zwar noch etwas im Blut, aber Autos gibt's ja nun wie Sand am Meer oder auch haufenweise, und Heinrich macht keinen spitzen Mund mehr. Letztens hat er mich sogar in seinem neuen Opel mitgenommen: schwere Läufer, Samt und Seide, gedämpfte Puffmusik und eine edel vernickelte Automatik. Es war wie im Kaufhaus in der teuren, teppichbelegten Abteilung, aber oben im Dach links hinten hat mir das Loch gefehlt, das verdammte Loch von Meister Stebmanns lüsterner Daumenmaus, Gott hab sie selig! Ich hab's Heinrich nicht gesagt, ich wollte nicht nostalgisch werden, sonst hätte er wieder einen spitzen Mund gemacht.

Außerdem hoffe ich, daß Sie, werter Leser und Kraftfahrer, recht oft im Stau steckenbleiben oder, was aber nun wirklich sehr fein und anerkennenswert wäre, mal mit der Eisenbahn fahren, mit der Eisenbahn! Das geht nämlich auch, wenn man, wie ich letztens, plötzlich von Berlin nach Dresden muß und kein Auto bei der Hand hat. Obwohl mich während der IC-Fahrt ein dicker, etwa dreijähriger Daumenlutscher vom Platz gegenüber beinahe pausenlos mit aufgerissenen Käsenäpfen musterte und ich gar nicht mehr wußte, wohin mit dem armen Kopf, begann es auf einmal von einer alten, zufriedenen Dame her angenehm säuerlich und süß im Abteil zu riechen, nach Leberwurststullen und Kölnisch Wasser, mit etwas Heidelbeere dazwischen, nicht wahr, wie am Anfang dieser Geschichte und einst im Mai. Und plötzlich lächelte mein Herz, es lächelte, denn ich erblickte auf dem Bahnsteig A des Bahnhofs von Elsterwerda, durch den wir gerade donnerten, ein weißes Einhorn, endlich mal wieder ein weißes Einhorn, wenn's kein Ziegenbock war, ach herrje. Aber was will ein Ziegenbock auf dem Bahnsteig A des Bahnhofs von Elsterwerda?

Und ob wir uns bei diesem wildschweinartigen Verkehr überhaupt noch einmal ein Auto kaufen, ist völlig ungewiß, sagt meine Frau, *völlig ungewiß*, obwohl sie eigentlich nur gute Erinnerungen an unsere alte Mühle hätte, von den schlechten Erinnerungen einmal abgesehen, sagt meine Frau, und wenn's einen Autohimmel gibt, sagt sie, ist unser biberbrauner Skoda, die alte Mühle, bestimmt drin. »Neu lackiert und mit Drehflügeln!« sagt sie. »Als schneeweißer Hubschrauber!«

Ein bedauernswerter Mensch

Am Montag traf ich Alfons Schnabel auf dem S-Bahnhof Jannowitzbrücke. Ich stieg aus, und er wollte einsteigen. Leider stieg er nicht ein – er hatte mich gesehen! Es war ein kühler, sonniger, etwas windschiefer Tag, einer jener Tage, an denen die nassen Unterhosen auf dem Balkon vom leichten Frost erst einmal in Packpapierunterhosen verzaubert werden, ehe sie trocknen. Viele Leute hatten hübsche rote Apfelbäckchen (wie sie kleine Mädchen haben), nur Schnabel sah erstaunlich käsig aus.

Ich glaube, ich erschrak ein wenig bei seinem Anblick und sagte: »Oh!« Schnabel nickte. Dann tat er den Mund auf. Um jedem Gejammer seinerseits zuvorzukommen, begann ich ihm sofort von meiner Zahnfistel am linken unteren Eckzahn zu erzählen. Er reagierte aber nur mürrisch, beinahe desinteressiert, wie mir schien, obwohl er eigentlich, wenn er von den Schmerzen anderer hörte, sonst immer ganz munter wurde. Diesmal sah er mich nur wie ein apathischer Schweinefisch an. »Übrigens habe ich am letzten Sonntag deinen Freund Pfitzmann gesehen, blendend sah er aus!« sagte ich, um überhaupt etwas zu sagen.

Seltsamerweise wirkte der Name Pfitzmann auf Schnabel wie ein elektrischer Schlag. Aus dem Stand sprang er etwa einen halben Meter hoch. »Nanu?« staunte ich.

»Geh mir weg mit diesem Knallfrosch!« zischte Schnabel und machte ein angewidertes Gesicht.

»So blendend sah er nun auch wieder nicht aus!« erklärte ich sofort, um ihn zu beruhigen.

»Hör auf«, erwiderte Schnabel, »hör auf, ich weiß alles, wir Menschen sind einsame Hengste, bedauernswerte Pferde sind wir!«

Ich schüttelte verwundert den Kopf. Schnabel schluckte etwas und ergriff mit dichtbehaarten, bleichen, bratschigen Händen die Aufschläge meines guten Teddymantels (kaum getragen und trotz seines Alters glänzend erhalten, ein Stück wie aus dem Secondhandladen, das mir Paul verehrt hatte, mein lieber, großzügiger Bruder!). Gleich würde mir der dumme Hund auch noch ans Schienbein treten! Oder mich auf die Gleise werfen, mein Gott!

»Um Himmels willen, warum stinkst du so nach Schnaps?« rief ich.

Schnabel zog mich gierig auf eine eiskalte Bahnsteigbank. »Mir hat's in die Erbsen geregnet, mein Goldstück!« gestand er mir verzweifelt. »Ich war mit einem akuten Blinddarm im Krankenhaus! Vorgestern bin ich raus, blaß wie eine Bäckermütze im Morgengrauen!« Schnabel stöhnte auf und wollte mir die Narbe zeigen. (Solche Bekannte hatte ich! Meine Frau fragte auch immer, warum ich solche Bekannte hätte und nicht mal was Eindrucksvolles!) Ich wehrte ängstlich ab. Was hatte ich mit einer wildfremden Blinddarmnarbe zu tun?

»Du darfst nicht denken«, flüsterte Schnabel, »daß mich das Krankenhaus zur Kalkleiste gemacht hat, Kamerad, das darfst du nicht denken, obwohl ich sogar vier Tage länger drin war!« Schnabel sah mich durchbohrend an. Ich erwiderte seinen Blick und legte die Hand aufs Herz. »Dieses Vieh von Pfitzmann hat mich kaputtgemacht!« schrie Schnabel plötzlich. »Er hat meine Seele zerlatscht, der Hund, einst war ich ein blauer Turm!«

Schnabel schrie es gellend, und es hallte auf dem leeren Bahnsteig wider, als wären wir in den Dolomiten oder im Elbsandsteingebirge. Natürlich sprang der Zugabfertiger sofort in seinem Glashäuschen auf und begann uns vorgebeugt zu beobachten. »Vielleicht glaubt er, daß wir ein wenig über Politik plaudern«, äußerte ich.

Schnabel musterte mich abwesend. »Über Politik haben wir im Krankenhaus nicht gesprochen!« knurrte er. Er sei sich zwar etwas wie ein Pawlowscher Hund vorgekommen (fünf vor zwölf wäre ihm beispielsweise immer das Wasser im Maul zusammengelaufen), aber sie hätten ihn dort, was er bei den immensen Selbstbeteiligungskosten auch erwartet habe, nachsichtig wie ein hohes Tier behandelt. Zum erstenmal in seinem Leben hätte er sich prominent gefühlt. Es wäre wunderschön gewesen! Beispielsweise sei der blutjunge Arzt, der ihn operiert habe, jeden Tag mehrmals an sein Bett gekommen, um sich mit einem festlichen Glanz in den Augen die Operationsnarbe anzusehen.

»Es war wie Weihnachten, nur die Glöckchen fehlten!« sagte Schnabel. Aber die Getränke seien fad gewesen. Nicht mal Sodbrennen hätte er davon bekommen. Und hier eben habe sich sein Freund Pfitzmann eingeschaltet, der neuerdings bekannterweise dauernd arbeitslos wäre. So konnte ihm Pfitzmann stets zwischen Mittag und Vesper, wenn im Krankenhaus nur die Kettenraucher wachten, eine Thermosflasche mit Bohnenkaffee auf die Toilette bringen.

»Als ich mit dem eingeklemmten Bruch drin war, hat mir meine Frau den Kaffee gebracht!« warf ich arglos ein.

»Ich lebe getrennt von Elvi, du Rübe!« brüllte Schnabel.

»Was?« rief ich, »was?«, und der Zugabfertiger stand wieder, sich vorbeugend, auf. »Endlich mal eine hauptstädtische Abwechslung für den Kollegen!« bemerkte ich. »Schade, daß er Elvi nicht kennt, dann wär's noch spannender für ihn!«

»Elvi steht hier nicht zur Debatte!« rief Schnabel und drohte dem Zugabfertiger mit der Faust. »Allein die Handlungsweise des Herrn Pfitzmann hat mich aus dem Gleichgewicht gebracht. Am zweiten Tag nach meiner Operation, als er wie die Heiligen Drei Könige mit der Thermosflasche auf dem blaugequalmten Scheißhaus der A3 aufkreuzt, war ich freilich auch zu Tränen gerührt. Gerührt frage ich nach Elvi, weil sie keinen Mucks von sich hören und sich telefonisch verleugnen ließ, als hätte sie was gegen mich, da legt mir doch der Kerl den Arm um die Schultern und federt mich mehrmals an sich ran. Ich schreie zwar auf wegen meiner frischen Narbe, bin aber ergriffen von seiner kameradschaftlichen Haltung. Hierauf schwört er mir, daß Elvi auch noch am Krankenbett erscheine, nennt mich, wie es seine ordinäre Art von Zärtlichkeit ist, ›altes Rübenschwein‹ und guckt mir fromm ins Auge!«

Schnabel grunzte traurig und erzählte weiter. »Schon am folgenden Tag hat mir die tote Hose Grüße von Elvi ausgerichtet, und ich möchte mich sozusagen nicht ängstigen, sie käme sozusagen glänzend ohne meine Persönlichkeit zurecht. ›Persönlichkeit‹ hat sie gesagt! Und im übrigen hinge ihr meine Sklavenhalterei und mein dämliches ›sozusagen‹ sozusagen schon lange zum Halse heraus, mein Wurmfortsatz sei sozusagen nur der Auslöser gewesen, sozusagen die Ermordung des österreichischen Thronfolgers Franz Ferdinand 1914 in Sarajewo! Das reichte, um mein Herz wie einen Blechhammer pingeln zu lassen, und ich habe mich natürlich zu fragen angefangen, warum sich mein bester Freund zu solchen miesen Mitteilungen hergibt?«

Schnabel schwieg einen Moment und blickte leer vor sich hin. Dann sagte er mit blödem Gesichtsausdruck »Jawohl!« und nickte. »Am folgenden Tag«, fuhr er in seinem Bericht fort, »hat mir Pfitzmann außer dem Kaffee auch noch Mozartkugeln mitgebracht, die ich in Geschenkform sehr gern verdrücke. Diesmal sind sie mir aber im Mund aufgequollen wie ein Hefeteig – wie ein Hefeteig, Kamerad, sie wurden immer größer, wurden sozusagen Mozartklöße, denn dieser Lump berichtete mir weinend, daß Elvi – er wüßte nicht, warum – nun überhaupt nicht mehr im Krankenhaus aufkreuzen würde, was er mir leider ausrichten solle, obwohl er nichts damit zu tun habe, sein hochheiliges Ehrenwort als Kumpel darauf! Und am Sonntag, als draußen dieses Dreckwetter tobt, das weder Fleisch noch Fisch war, und meine Narbe wie ein fieberkrankes Tier pumpert und ich vor lauter Trübsinn und Frust den schrecklichen aseptischen Krankenhaustee in mich reinschütte und sozusagen ans Jüngste Gericht zu glauben beginne, erscheint Pfitzmann wieder, diesmal mit einem weibischen Azaleentöpfchen, außerdem am Stock, weil er sich beim vorherigen Besuch den Knöchel verkorkst hat, obwohl sogar ganz komplizierte Brüche in Vollgips mühelos die Treppe zur Toilette raufkommen!

Anstatt nun aber die Schnauze zu halten und meine flehenden Fragen nach Elvi mit einem freundschaftlichen Schweigen zu kontern, erzählt mir diese schluchzende Sülze, als ich ihm, weil er die Schnauze nicht aufmachen will, den Arm etwas verdrehe, daß Elvi mit einem häßlichen Knochen namens Bröse oder Brüse, einem Ingenieur für Werkzeugmaschinen, zur Zeit als Parkblumenpfleger tätig, das Wochenende zum Zwecke der Weiterbildung in unserer Wohnung verbracht hätte!

Wo ich im Krankenhaus bin, erzählt mir dieser gefühllose Hund das! Die sielen sich wie die Tiere in meinen Ehebetten rum mit den teuren Rosenmusterkopfkissen von meiner Mutter, und dieser Pfitzmann erzählt mir das! Dafür wäre er im alten Rom gevierteilt worden! Oder auf die Galeere gekommen!

Und am Tag meiner Entlassung, als er mich mit seiner ollen Blechlaube abholt, um mich zu meiner armen Mutter nach Schöneweide zu bringen, gesteht mir dieser ›beste Freund‹ auch noch, daß meine Frau sich nun schon am hellichten Tag mit dem häßlichen Werkzeugmaschineningenieur zeige! Wo Elvi noch nie an Werkzeugmaschinen interessiert war! Das alles hat mich innerlich tief verletzt und fast geschändet. Eine große Wunde ist mir geblieben, das darfst du mir glauben. Außerdem besaß dieser gewissenlose Käsekopf, nachdem er mir den Koffer nach oben getragen hatte, auch noch die Frechheit, mit zu meiner armen Mutter rein zu wollen, stell dir das vor. Ist das nicht schamlos?«

Schnabel sah mich drohend an. Ich nickte hastig. »Natürlich hab ich ihm gleich gesagt«, setzte er böse hinzu, »daß er sich gewaltig in den Finger geschnitten hat, wenn er nach all dem Leid, das er mir in knapp zehn Tagen zugefügt hat mit seinen bösartigen Berichten, auch noch glaubt, die selbstgebackenen Pfefferkuchen meiner armen Mutter in sich reinquetschen zu können, der Mampfer! »Du mußt doch wohl was Riesenhaftes am Keks haben, du Filzlaus, zieh Leine, du ekelst mich an!« hätte er ihm gesagt.

Nach dieser Aufforderung sei Pfitzmann mit wahnsinnig aufgerissenen Augen und unmenschlich perplex die Treppe runtergetaumelt – und ob es nicht eine gottserbärmliche Ungerechtigkeit sei, daß gerade ihm, Alfons Schnabel, solch ein Freund beschert worden wäre?

»Jawohl, das ist eine gottserbärmliche Ungerechtigkeit!« antwortete ich ängstlich. Traurig erhob sich Schnabel und reckte sich, bis es in seinem Rücken zu knacken begann. »Die Narbe hackt noch!« seufzte er und musterte mich mißtrauisch. »Schade, daß man den gemeinen Hund nicht irgendwo anzeigen kann, ich würde die Ratte sofort anzeigen, vielleicht war er sogar geheimer Stasiinformant!« knurrte er und drückte meine Rechte. »Aua!« schrie ich, denn Schnabel hatte trotz seiner hageren Käsigkeit den Händedruck eines kerngesunden Gorillas am Leibe. Mit fast abgestorbenem Gesäß stand ich auf und verzog mich im Zickzack wie der Feldhase in den sonnigen Tag hinaus, wo Menschen mit roten Apfelbacken herumliefen und einige – welch rosiges Wunder! – sogar lachten.

Ein Vogelbauer für Frieda

Weil er dann nicht umsteigen mußte, sondern über den Lebenskampf nachdenken konnte, fuhr Herbert Strobel am liebsten mit der 71 (heute die 1) zur Arbeit. Die 71 kam, wenn sie kam, von Heinersdorf. Über Heinersdorf Kirche und Prenzlauer Promenade. Wenn sie oben am S-Bahnhof Prenzlauer Allee war, sah Herbert Strobel, daß sie kam. Er stieg Hiddenseer Straße ein und fuhr bis zur Ecke Friedrichstraße/Oranienburger Tor: erst die Prenzlauer Allee runter, dann am Prenzlauer Tor rechtsrum, dann am U-Bahnhof Luxemburgplatz, wo die Bahn quietschte, als sei sie ein junges Mädel, dem es die Röcke hochbläst, linksrum, hierauf an der Weinmeisterstraße halbrechts, vorm Hackeschen Markt stark links, nach dem Hackeschen Markt, vor dem Monbijouplatz, wo die Bahn wieder wie ein junges Mädel quietschte, rechts die Oranienburger Straße hinunter, an der Synagoge und den vielen Cafés vorbei, wo nachts die schöngewachsenen, bunten Nutten flanierten und die Straßenbahn laut bimmeln mußte wegen des Publikumsverkehrs (oder vor Begeisterung), immer geradeaus und wieder halbrechts und am Oranienburger Tor linksrum.

Das hört sich an, als sei die 71 etwas Ähnliches wie der besoffene Schwiegersohn gewesen, aber keine Bange, sie kam fast immer ans Ziel. Herbert Strobel stieg jedenfalls an der Haltestelle »Oranienburger Tor« aus, und die 71, linksrum in die Friedrichstraße biegend, verzog sich quietschend in Richtung Weidendammer Brücke, wo sich Theodor Fontane vor gut hundertfünfzig Jahren mit Fräulein Kummer verlobt hat.

Nach der Verlobung und der Weidendammer Brücke fuhr die 71 linksrum und dann rechtsrum und noch einmal linksrum bis zum Kupfergraben, wo das Magnushaus steht und Max Reinhardt gewohnt hat und die Museen wie Pilze aus dem Boden schießen, lauter historische Gegend, bildend und den Geist beflügelnd, was uns aber wenig interessiert, denn Herbert Strobel, wie gesagt, stieg am Oranienburger Tor aus. Und wenn seine Arbeit zu Ende war, fuhr er die gleiche Strecke wieder mit der 71 zurück. Wenn da aber die 70 (heute die 13) zuerst kam, fuhr er erst einmal, um kein Gewohnheitstier zu werden, wie er sagte, vom Oranienburger Tor bis zum Hackeschen Markt mit der 70 vor, um dort in die 20 (heute andere Linienführung) oder in die 71 umzusteigen.

Schon Ewigkeiten machte er das so, immer ein bißchen mürrisch, immer ein bißchen unlustig, immer ein bißchen müde. Auch Ende November oder Anfang Dezember, an einem Dienstag, war er seinen Nachhauseweg bis zum Hackeschen Markt mit der 71 gefahren. Ein Tag wie ein Buch voller Totensonntagsgedichte war's. An den Kneipenecken schnatterten zerrupfte, armselige Weihnachtsbäumchen im Wind, und der Himmel war so tief, daß einem die Wolken um die Ohren klatschten. Man bekam Heimweh davon, eine volle Nase, Wasserflöhe im Gehirn. An diesem elenden Tag aber wollte Herbert Strobel nicht gleich mit der 20 oder der 71 nach Hause, sondern mit der 18 (heute die 8) weiter, es war wie ein mittleres Wunder in Herbert Strobels Leben. Aber er mußte zu Kaminski, der immer die blankgeputzten Schuhe anhatte, zu dem mageren Tischler aus dem Musterbau, wegen des Vogelbauers für Frieda, und mit der 18 ging's schneller.

Sie wollten ihr doch am Freitag zum fünften Geburtstag einen gelben Wellensittich schenken, er und Dagmar. Der Vogel wartete schon mißtrauisch auf seiner Stange in der

»Kleintierquelle«, Herbert Strobel hatte ihn sich am letzten Wochenende ausgesucht, und Kaminski hatte das Bauer dazu. Herbert Strobel hätte so ein Ding natürlich auch kaufen können, aber Kaminski wollte es ihm spottbillig abgeben, »fiern Appel und 'n Ei!«, wie er sagte. Es war ein rundes, seltenes! Von Kaminskis ehrwürdiger Mutter noch. Eine regelrechte Antiquität, wie Kaminski sagte. Bei seiner ehrwürdigen Mutter hätten die Vögel darin sofort zu sprechen angefangen, das sei über sie gekommen wie vom Himmel gegossen, einer habe sogar, obwohl seine ehrwürdige Mutter kein Sterbenswort Englisch gekonnt hätte, »Ich bin ein Vogel und spreche Englisch!« sagen können, auf englisch, versteht sich, obwohl seine ehrwürdige Mutter, die seit '45 den Russen an allem die Schuld gab, immer ganz giftig behauptet habe, es wäre russisch. Trotzdem sei's aber englisch gewesen, ein herrliches Vogelbauer! Ihm reiche jedoch seine Frau und sein fast menschenähnlicher Kurzhaardackel, darum biete er das wertvolle Bauer Strobel an, einem alten Arbeitskollegen, aus alter Freundschaft sozusagen für nur fünfzehn Mark, eine lächerliche Summe für diese messingne Kostbarkeit, reines Buntmetall, ihm blute das Herz dabei, was aber solle sein Kurzhaardackel in einem Vogelbauer, etwa auf englisch »Ich bin ein Vogel und spreche Englisch!« sagen?

Herbert Strobel war sofort einverstanden, er nahm sich jedoch vor, obwohl ihm die Fahrt zu Kaminski wegen einer vorhandenen Umweltkarte keine Mehrkosten verursachte, das Bauer genauestens zu überprüfen, ob es auch wirklich aus echtem Messing bestand. Fünfzehn Mark waren schließlich kein Pappenstiel, wenn auch ein neues Bauer teurer gekommen wäre. Aber dafür wäre es auch mit Garantie gewesen! Für fünfzehn Mark konnte sich Kaminski eine Menge Schuhpolitur kaufen!

Nun wartete er jedenfalls auf die 18, seht an! Seltsam, wenn er sonst hier am Hackeschen Markt auf die 20 oder die

71 für nach Hause wartete, kam dauernd die 18, 18 auf 18, die reinste Seuche, die Bahnen bissen sich fast, aber heute, wo er auf die 18 wartete, kam keine 18, sondern es war schon zum zweitenmal die 20 gekommen, er hätte sich kaputtlachen können – und jetzt kam sogar die 71 angescheppert, noch von der älteren Sorte eine, eine klapprige, munter tuende mit ungeputzten Scheiben.

»Das kann nur mir passieren«, sagte Herbert Strobel zu einem ebenfalls wartenden Feuerwehrangehörigen in Uniform. Der Feuerwehrangehörige in Uniform stellte sich sofort woanders hin. »Es wäre ja auch zu schön gewesen, wenn's mal geklappt hätte bei der Straßenbahn!« dachte Herbert Strobel. Mit der 18 wäre er ja auch zu schnell und zu bequem bei Kaminski und dem Vogelbauer gewesen. Warum bequem, wenn's auch unbequem ging? Aber keine Bange, heute kam keine 18, heute kamen die Linien 20 und 71! Es regnete förmlich die Linien 20 und 71, das war wie ein Dammbruch, bravo!

»Als sollte man kein guter Mensch sein!« dachte Herbert Strobel. Und alles wegen Frieda! Frieda Strobel! Mit diesem Vornamen würde das arme Kind nie Virtuosin werden. Wo er doch die Mundharmonika von Opa Strobel liegen hatte! Als Frieda Strobel würde sie vermutlich wer weiß wo landen. Weil Dagmar so einen sturen Geschmack von ihrer Mutter aus Cottbus geerbt und damit die Schwiegertochter angesteckt hatte! Nun hatte er zeitlebens ein altmodisches Enkelkind, und jetzt kam schon wieder eine 20! Da nahm er eben jetzt die 20, Herrgott noch mal, wenn die 18 nicht kam! Da fuhr er eben jetzt über Weißensee, bitte sehr! Schön die Prenzlauer Allee hoch an zu Hause vorbei, bitte sehr! Er hatte ja nur den ganzen Tag lang bei seiner Schufterei wie ein Idiot lächeln müssen, weil er neuerdings mit dem Chef zusammenarbeitete. Vor diesem Menschen konnte sich ja kein Mensch frei geben! Außerdem half ihm sowieso keiner, alles mußte er alleine machen, sogar lächeln, obwohl er schon als Säugling mürrisch war, wie sie sagten.

»Hat mir schon jemals wer geholfen?« knurrte Herbert Strobel und stieg beleidigt in die 20, um sich auf einen Einzelplatz rechts zu setzen, weil er dann im Vorbeifahren sehen konnte, wie sich seine Wohnung von der Straßenbahn aus machte und ob die Fenster geputzt waren. Jedenfalls war er als Mensch immer allein gewesen. Selbst bei seiner Bruchoperation im März '79 war er allein gewesen! In letzter Konsequenz war man ein einsamer Reiter, ein Vagant. Nicht mal das Mundharmonikaspielen hatten sie ihm beigebracht. Alle hielten sich die Ohren zu, wenn er auf Opa Strobels Mundharmonika »Wenn der weiße Flieder wieder blüht« spielte.

Kopfschüttelnd setzte sich Herbert Strobel einem schweigsamen alten Mann gegenüber. Hätte ihm die Berliner Straßenbahn den Stundenlohn für die viele Warterei nachzahlen müssen, wäre er Rockefeller! Für das Geld hätten sie jahrelang Taxen statt der Bahnen einsetzen können!

»Mit wachsendem Alter wird man immer mürrischer!« dachte Herbert Strobel mürrisch. Meine Güte, wuchs dem schweigsamen Alten ein gewaltiges Haar aus dem rechten Nasenloch! Warum aber wurde man mit wachsendem Alter immer mürrischer? Vermutlich, weil nicht mehr viel kam! Wenn er Glück hatte, wuchs ihm ebenfalls so ein gewaltiges Haar aus dem rechten Nasenloch! So ein gewaltiges Haar aber auch! Alte Männer hatten zwar oft etwas Trottelhaftes an sich, der mit dem Haar aber nicht.

Ich habe als alter Mann bestimmt etwas Trottelhaftes an mir! dachte Herbert Strobel. Der Alte jedenfalls sah so aus, als kniffe er öfter mal das linke oder rechte Auge zu. Wie Opa Strobel früher! Opa Strobel hatte außer zwei Gürteln immer noch Hosenträger getragen. Und das Frühstück spießte er würfelweise mit dem Taschenmesser auf, um es dann so genüßlich durchzukauen, daß einem vom bloßen

Zusehen das Wasser im Maul zusammenlief, sogar bei Margarinestullen.

Und Mundharmonika hat er gespielt, daß sein Schädel bald geplatzt ist dabei und die Frauen Rotz und Wasser geheult haben – ein verschmitzter Mensch, ein Humorist! dachte Herbert Strobel mürrisch und wandte sich wieder dem Nasenhaar zu. Warum schnitt das dem Alten keiner ab! Lebte seine Frau nicht mehr? Oder haßte sie ihn? Vielleicht war sie aber auch verreist, um es nicht mehr sehen zu müssen? Tragödien fuhren mit der Straßenbahn durch Berlin!

Die Menschen sind mir ein Rätsel! dachte Herbert Strobel und sah hinaus. Ich bin mir auch ein Rätsel! dachte er, und die Bahn fuhr an dem Haus, in dem er wohnte, so gleichmütig vorbei, als wohnte er gar nicht darin. Jetzt waren sie bald am Zeiss-Planetarium! »Zeiss-Ambulatorium« hatte Dagmar letztens gesagt, er durfte es gar keinem sagen! »Versehentlich!« wie sie sagte, aber es war Bildungsmangel bei ihr, ein Manko! Das hatte sie von ihrer Mutter, seine Schwiegermutter aus Cottbus, die ihn nicht Mundharmonika spielen hören konnte und auch immer alles verwechselte, weil sie in ihrer Jugend nur das Buch »Der Zuckertütenbaum« gelesen hatte, worauf sie noch stolz war. Die pfiff auf Bildung und Kultur!

Aber dauernd Fernsehen. »Zeiss-Ambulatorium«, das mußte man sich mal vorstellen! Bei dieser hochmodernen Kuppel! Wie ein riesenhaftes Tee-Ei von außerhalb, ein Science-fiction-Gebäude! Beruhigenderweise gingen zwischen den Büschen vor dem Tee-Ei einige der großen, schwarzen, rabenähnlichen Vögel spazieren, die immer Winterferien in Berlin machten. Unbeeindruckt bohrten sie in der Wiese herum. Die hätten Frieda heißen sollen und nicht sein armes Enkelkind!

Sehr verschiedenartige Tiere gibt's, dachte Herbert Strobel und schüttelte verwundert den Kopf. Seine Schwiegermutter aus Cottbus beispielsweise, die ihn nicht Mundharmonika spielen hören konnte, hatte früher immer Japanchins besessen, so winzige, zitternde Hunde mit eingedrückten Nasen und Würmern – aber diese schwarzen Vögel hier hatten weder Würmer noch eingedrückte Nasen, sondern enorme Schnäbel, mit denen sie die Würmer fraßen – ganz unterschiedliche Tiere gab's! Und ganz unterschiedliche Nasen! Vielleicht war der gegenübersitzende Alte Junggeselle und wollte mit seinem Nasenhaar protzen? Wer guckte in so einen alten Knacker hinein? Oder es entfernte ihm sonst immer sein Friseur, aber der war momentan krank, hatte geschwollene Füße vom Konkurrenzkampf, weil man als Mensch dauernd was hat? Davon konnte er ein Lied singen! Vielleicht war es aber auch gar kein Nasenhaar, sondern etwas anderes, eine Schweinsborste vielleicht? Wie aber kam eine Schweinsborste in eine menschliche Nase und blieb vor allem darin stecken?

Herbert Strobel setzte sich auf und schüttelte sich. Der Alte wird keinen Spiegel besitzen! dachte er. Wieso aber sah sich der Narr dann nicht mal im Spiegel einer öffentlichen Toilette an? Warum gab es in Berlin sowenig öffentliche Toiletten, reichten nicht die fehlenden Wohnungen?

Mürrisch sah Herbert Strobel in den düsteren, lichtdurchspülten Großstadtabend hinaus und stellte, indes ein Frösteln durch seine Brust kroch, für sich fest, daß er bald aussteigen mußte, weil sie schon in der Lichtenberger Straße waren, wo's vermutlich auch keine öffentlichen Toiletten gab. Den Antonplatz hatten sie bereits hinter sich. Ob's da öffentliche Toiletten gab, wußte er nicht. Freie Wohnungen gab's keine dort, das wußte er!

Jedenfalls war es erstaunlich, wieviel Vermutungen man über so ein dünnes Nasenhaar anstellen konnte. Über dickere Gegenstände konnte man vermutlich auch nicht viel mehr Vermutungen anstellen! Sinnend erhob sich Herbert Strobel und reckte sich, bis seine Knochen knackten. Er jedenfalls würde dem Wellensittich zuerst einmal das Wort Planetarium beibringen: »Planetarium«, damit auch Dagmar etwas von diesem Vogel und dem teuren Bauer hatte. Vielleicht fiel ihm dabei auch noch was ein für seine Schwiegermutter aus Cottbus, die ihn nicht Mundharmonika spielen hören konnte.

Schade, daß Wellensittiche nicht Mundharmonika spielen lernen können! dachte Herbert Strobel mit einem melancholischen Blick auf den schweigsamen Alten. Dieser sah auf und kniff Herbert Strobel – das Nasenhaar vibrierte etwas dabei – ganz kurz ein Auge zu, man bemerkte es kaum. »Na siehste, wie unser Opa, ich hab's doch gewußt!« dachte Herbert Strobel und stieg mürrisch aus, um das verdammte Vogelbauer bei diesem Kaminski abzuholen.

Schade um die Eichhörnchen!

Sonnabend war's. Achim Leifke saß in der S-Bahn, und eigentlich hätte er mit Jutta durch den Wald laufen müssen, das hätte er! Bei den Eichhörnchen hätte er sein müssen, aber er war nicht bei den Eichhörnchen! Er saß in der S-Bahn. Wie ein vergessener Koffer. Eckig und allein. Vereinsamt. Richtung Friedrichstraße saß er. Bis Ostkreuz. Schließlich konnte er wegen Jutta nicht in Schönefeld kampieren. Vielleicht auf dem Parkplatz vorm Flughafen übernachten, was? Im Freien! Barfuß vielleicht? Sich den Tod holen in der naßkalten Luft, damit sie ihren Abteilungsleiter, diesen faden Sack, heiraten konnte.

Oder den Struhse aus dem Konstruktionsbüro, den mit dem dicken Hintern, der ihr immer so gierig nachglotzte. Schön wär's! Diesen Gefallen würde er ihr nicht tun. Und ihrem Abteilungsleiter, diesem faden Sack, würde er diesen Gefallen erst recht nicht tun. Eichhörnchen hätten sie jetzt beobachten können, das hatte sie davon! Und er war am Morgen noch so heiter gewesen. Aber hatte er da nicht schon gedacht: »Obacht, Achim, frühen Vogel frißt die Katz!« Und eine Gänsehaut war ihm den Buckel runtergelaufen. Als hätte er's geahnt!

Achim Leifke machte einen spitzen Mund und warf dem Pärchen, das in Adlershof zugestiegen war, einen verächtlichen Blick zu. »Diese Nüsse haben sich auch gestritten!« dachte er. Da saßen sich nun zwei junge, hübsche, gesunde Lebewesen gegenüber, zwei Menschen, die sicherlich Grund gehabt hätten, zu lachen oder vielleicht gar zu singen und

Jubelschreie auszustoßen, er trug großkarierte, teure Sackhosen, und bei ihr hing der Zwickel modisch in der Kniekehle, mit diesen Hosen hätten die zwei Purzelbäume schießen müssen, das war der reinste Zirkus, aber sie sahen gekränkt vor sich hin und schwiegen. Zwei beleidigte Komiker!

»Alle tragen Clownshosen!« dachte Achim Leifke und schüttelte den Kopf. Diese Frauen! Dieses Beleidigtsein! Selbst der Hintern des Mädchens hatte beim Einsteigen einen beleidigten Eindruck gemacht. Vielleicht auch wegen des tiefen Zwickels? Wenn sie ohne Mann liefen, liefen die Frauen sowieso reizvoller. Dann wiegten sie sich wie Bauchtänzerinnen in den Hüften, manche mehr, manche weniger, manche auch nur innerlich, aber tun taten sie's alle, und plötzlich hörte man Hawaiigitarren erklingen. Selbst in Kittelschürzen brachten Frauen so was zustande. Wenn beispielsweise die vollbusige Lydia Wollmann aus der Zuschneiderei durch die Mittelhalle ging, dann spielten ganze Hawaiigitarrenorchester, und staunende Pfiffe ertönten! Neben ihren Männern liefen die Frauen viel apathischer. Und hatten sie sich gestritten, stampften sie wie die Pferde.

»Jutta auch!« dachte Achim Leifke und seufzte. Wo ihm sogar das Frühstück geschmeckt hatte! Obwohl die Eier zu hart gewesen waren. Mit diesen Eiern hätte man Nägel einschlagen können! Oder unschuldige Vögel vom Himmel schießen. Das war beinahe schlimmer als Umweltverschmutzung. Dazu mußte sie dann auch noch ins Bad kommen und in seinem Wasser rumplanschen.

Einen Stich ins Gehirn hatte ihm das versetzt. »Im selben Becken die Hände waschen bringt Ärger!« rief er. »So was gibt Krach, Juttchen!« setzte er lächelnd hinzu. Lächelnd, wohlbemerkt! Obwohl es ihn schrecklich nervös gemacht hatte, denn die Nichteinhaltung gewisser Vorsichtsmaßnahmen machte ihn immer nervös. Schließlich konnte so ein Aberglaube auch mal zutreffen. Lieber hätte er alles Wasser an sie abgetreten und sich gar nicht gewaschen. Mit Wasser war er penibel! Aber einen Streit hatte er nicht beabsichtigt. Wo er den Streit so verabscheute. Wenn er schon die beiden auf ihren Fensterplätzen sah! Schütteln müßte man sie! »Warum streitet ihr euch, ihr Wahnsinnigen?« hätte er schreien mögen. Traurig genug war das Leben, da mußten es sich die Leute, die sich gern hatten, nicht noch trauriger machen. Anstatt sich in die Arme zu nehmen! Das Mädchen guckte ja, als sei sie in Schwermut verfallen. Wie der Vater vom Erlkönig. Die reinste Antigone. Sie sollte lieber lachen, weil sie hübsch war und einen handfesten Liebsten hatte. Diese Menschen! Und dazu die plustrigen Hosen. Wie im Harem.

»Meine Schwester«, dachte Achim Leifke, »kriegt beim Singen eine so hohe Stimme, daß sie weinen muß – diese Art Heulerei würde doch fürs Wochenende reichen, da muß man doch als Ehefrau nicht auch noch übelnehmerisch losheulen, wenn der Mann Charakter zeigt!« Aber Jutta hatte nur Widerworte parat! Warum es Ärger gäbe, wenn man sich im selben Becken wäscht? Warum, warum, warum! Anstatt sich wegen der harten Eier zu schämen.

Wo sie doch in den Wald wollten. Zu den Eichhörnchen! »Du mußt nicht alles ernst nehmen, Mäuschen!« hatte er erwidert. »Ich nehme alles ernst?« fragte sie schrill, und er wollte schnell aus dem Bad, aber da behauptete sie plötzlich, daß vor allem er alles ernst nehme, nicht sie! Diese miese Retourkutsche servierte sie einem Menschen, der soeben gelächelt hatte! In diesem Augenblick begriff er, warum Männer ihren Frauen Frühstückseier an den Kopf werfen oder sich mit der Faust furchtbar gegen die Stirn schlagen. Darum fragte er dann auch etwas hitzig, was er denn immerzu ernst nehme und ob er ein Rindvieh wäre, wo doch nicht er sie, sondern sie ihn beim Waschen gestört habe!

»Zieh die Augenbrauen nicht so hoch, du Ungeheuer!«

hatte sie da geschrien. »Man wird sich doch noch mit dir zusammen die Hände waschen können, du bist doch nicht der König von Schweden – oder habe ich etwa die Hühnerpest oder Salmonellen?« rief sie fast kreischend, und da konnte er sich, obwohl er sie eigentlich fragen wollte, wie sie gerade auf den König von Schweden komme, nicht mehr beherrschen und brüllte sie an, daß sie ein unübersichtlicher Mensch sei, der aus guten Frühstückseiern Bleikugeln koche, und ihre blöden Eichhörnchen könne sie sich an den Hut stecken oder dem König von Schweden schenken. Daraufhin begann sie zu weinen, aber es waren die bösen, uneinsichtigen Tränen einer Frau, die weiterstreiten will, es waren Tränen aus Eis, infolgedessen ihn so eine brennende Wut packte – weil er doch auch mal ein sensibler kleiner Lockenkopf gewesen war: ein Kind! –, daß er den Anorak überwarf, seine gute Gelenktasche vom Haken riß und hinaus auf die Straße stürzte.

Am Straßenrand unten war er erst mal zitternd stehengeblieben und hatte die Autos beschimpft. Aber das war zuwenig, denn plötzlich erfaßte ihn so eine absolute Traurigkeit, daß er zum S-Bahnhof ist und von dort zum Flughafen Schönefeld, um Flugzeuge abfliegen zu sehen und zu winken, damit er wieder Luft bekommt. In jenem Augenblick hatte er das Gefühl, als wäre er auf einem fremden, wilden Schiff und hätte alle Brücken hinter sich abgebrochen. Da hätte er Anarchist werden können, Bombenleger oder Tiefseetaucher. Fische hätte er mit eigener Hand aufspießen können, und am liebsten wäre er in einen der silbernen Vögel gestiegen, wäre abgerauscht in ein palmenüberwuchertes, fernes Nest mit exotisch klingendem Namen, wo man sich nicht zu rasieren brauchte und den ganzen Tag in verkommenen Tavernen bei eiskalten Saufereien und bildschönen Weibern herumhockte. Wie in diesem Nitroglyzerinfilm *Lohn der Angst* mit Yves Montand – ein Film, der einen guten Ausgang gehabt hätte, wenn Montand mit seinem LKW nicht so idiotische Kurven gefahren wäre! Etwas Selbstbeherrschung gehörte nun mal auch zum Glück! Warum wurden immer diese unbeherrschten Schauspieler geliebt, warum nicht auch mal er? Ihm machte man nur das Herz schwer. Sein Herz war doch keine alte Pfeife.

Erregt begann Achim Leifke mit den Fingern zu knacken. »Fingerknacken haßt Jutta!« dachte er und knackte noch heftiger. Diese Frau! Dieser Satan, der einen zur Weißglut bringen konnte! Wo er doch gelächelt hatte!

Wütend sah Achim Leifke zu dem jungen Paar hinüber. Gleich würde Ostkreuz kommen, und sie waren noch immer böse miteinander. Manche Menschen lernten es nie! Saßen sich gegenüber und glotzten: sie nach rechts vorn hoch, er nach links hinten runter! Damit sich ihre Blicke ja nicht trafen! Nicht mal in der Unendlichkeit wollten sie was miteinander zu tun haben – und das in solchen Hosen! Herrje, es schneite richtige Flocken draußen! Aber die beiden hatten keinen Blick dafür. Begreif mir einer die Menschen! dachte Achim Leifke im Aufstehen. »Streiten sich wie die Affen miteinander, aber wenn einer stirbt, dann heulen sie sich die Augen aus dem Kopf und wollen ihm ins Grab nachspringen! Warum lachte das Mädel dem Jungen nicht mal ins Gesicht hinein? Warum schwieg der Junge? Warum machen sich die Leute bloß das Leben so schwer? Haben sie nicht genug Sorgen? Ein unvernünftiges Getue ist das, ich kann's nicht verstehen! dachte Achim Leifke und sah das Mädchen an, und als sich ihre Blicke trafen, schüttelte er nachdenklich den Kopf.

»Na, so wat!« rief das Mädchen entgeistert. »Na, so wat!«

Ja, ruf nur ›na, so wat‹, du streitsüchtige Henne, willst wohl auch noch mit mir streiten?

Das gleiche uneinsichtige, leere Gesicht wie Jutta! dachte Achim Leifke und stieg aus. Wenn ich jetzt nach Hause komme, dachte er wütend, und Jutta guckt immer noch so, dann werde ich ihr mal klarmachen, wer von uns beiden alles ernst nimmt! Wo ich doch gelächelt habe, verdammt noch mal! Von wegen: du aber auch! Ich überhaupt nicht, mein Herzchen, sonst schmeiß ich nämlich den Glasschrank mit den Mokkatassen um! Achim Leifke lachte böse und lief die Treppe zum Ausgang hinunter. Schade um die Eichhörnchen, am liebsten möcht ich mich besaufen! dachte er und sah mißmutig die Flocken tanzen.

Johann Dubiček aus Bratislava

Obwohl mein Freund Buchmeier, der Humorist, sein ganzes Leben lang wie ein Affe geschrieben hat, und das eigentlich nur, um der elenden Welt zu beweisen, daß er, außer immer nur krumm dazustehen, wie es seine Frau behauptet, auch noch was anderes kann, ist dabei nur das schmale Bändchen *Der Mond, das goldne Schwein* herausgekommen, 1981 erschienen. Darin befinden sich so schöne Zeilen wie: »Die Säufer stehen kopf in den Gewächsen, das Abendrot, das alte Stinktier, schweigt.« Dies hat mein Freund Buchmeier eigenhändig gedichtet! So ein Mensch aber verdient nun nicht etwa mindestens ebensoviel wie einer dieser miesen Schlagersänger, die einem tagtäglich auf den Geist gehen, sondern Buchmeier muß, um seinen Lebensunterhalt bestreiten zu können, auch noch als Kleindarsteller beim Theater arbeiten, muß die Hinterteile von Pferden darstellen, antike Sänftenträger und ähnliche Geschmacklosigkeiten. So nämlich geht's zu in der Literatur oder, wie mein Freund Buchmeier in seinem Gedicht »Die flache Gitache« sagt: »Da tropft doch was, Frau Semmelmann, da tickt doch was nicht richtig!«

Trotzdem ist Buchmeier nicht wie Hölderlin verrückt geworden über der Dichtkunst, sondern er hat gewartet: auf ein Wunder, sagt er, auf den Stern von Bethlehem oder so, und 1982 schon, kurz nach dem Erscheinen von *Der Mond, das goldne Schwein* (Sie wissen schon: »Die Säufer stehen kopf in den Gewächsen, das Abendrot, das alte Stinktier, schweigt«), klingelt eines Tages ein Kerl an Buchmeiers Tür, der zwar nicht wie der Stern von Bethlehem aussieht, aber auch nicht übel, so etwa, wie man sich den zweiten Stellvertreter des Empfangschefs eines Beerdigungsinstituts vorstellt, sagt Buchmeier, ein lattenartiger, nicht mehr ganz neuer Mensch von düsterer Feierlichkeit im viel zu engen Konfirmationsanzug, ein Provinzmephisto mit schwarzem Zickenbärtchen, schwarzen Käsenäpfen und riesenhaften, lüsternen Nasenlöchern, der liebevoll auf ihn herunterguckt und spricht: »Schänän gutän Tag, Härr Buchmeiär, ich bin Ihr Übersätzär Johann Dubičäk aus Bratislava, habän Sie schon Gäld bekommän, Honorarä?«

Meinem Freund Buchmeier brach natürlich sofort der seltsamste Schweiß am ganzen Körper aus. »Hör ich recht: Übersetzer! Hab ich was an der Glocke?« rief er und war aufs höchste überrascht, daß er einen Übersetzer hat, und selbst seine Frau, die Luitgard, die sture Kuh, die einen Dreck von humoristischer Literatur versteht, war richtig frohsinnig konsterniert, sagt Buchmeier, weil sie vermutlich gedacht habe, daß er nun bald nicht mehr nur krumm dastehn, sondern auch noch promiment sein würde. Sie bot Dubiček sogar mit aufdringlichem Kreischen frische Quarkkeulchen an, welche sich der Teufel heißhungrig einverleibte, obwohl er wegen der noch nicht eingegangenen Honorare gar nicht aus dem Staunen herauskommen wollte.

Buchmeier winkte nur immer wieder selig ab, denn die Hauptsache war ihm, sagt er, daß seine schriftstellerische Arbeit und speziell sein Werk *Der Mond, das goldne Schwein* (Sie wissen schon: »Die Säufer stehen kopf in den Gewächsen, das Abendrot, das alte Stinktier, schweigt«) nun internationale Beachtung erfuhr, daß er einen Übersetzer hatte (wie Shakespeare den Schlegel-Tieck) und auf ausländisch gedruckt wurde. »Endlich ein erster Schritt über die Bockwurstgrenzen hinaus, Luitgard!« sagte er zu seiner Frau und lieh dem Übersetzer, der »wägän unvorhärgäsähänar Ausgabän ätwas magär bei Kassä« war, beim Abschied noch überglücklich neunzig Mark. »Diese Übersetzer!« sagte er vorm Einschlafen begeistert zu seiner Frau.

Nach jenem Freudentag ist Johann Dubiček aus Bratislava dann immer wieder mal aufgetaucht bei Buchmeier, dem Verfasser von *Der Mond, das goldne Schwein* («Die Säufer stehen kopf in den Gewächsen, das Abendrot, das alte Stinktier, schweigt«), selten um etwas zurückzuzahlen, immer aber um etwas zu pumpen, wobei er stets äußerst erstaunt war, daß Buchmeier noch keine Honorare erhalten hatte. Buchmeier war ebenfalls äußerst erstaunt und wurde immer mürrischer. Viele nahmen sogar an, er sei aus politischen Gründen so verbiestert. Der Parteisekretär im Theater musterte ihn manchmal sogar schon beleidigt, schuld an dieser Misere aber war vor allem Johann Dubiček aus Bratislava, der Lump!

Kurz vor der Währungsumstellung, in brodelnden Zeiten, nach acht Jahren Dubiček, kam es dann zur letzten Enttäuschung. Da steigt Buchmeier nämlich mit zwei Körben verbilligter, weithin duftender Erdbeeren in die Straßenbahn, und plötzlich tippt ihm am Hackeschen Markt jemand auf die Schulter, und es ist – Sie werden es ahnen! – Johann Dubiček aus Bratislava! Buchmeier wird sofort kreideweiß am ganzen Körper, alles in ihm beginnt sich zu spreizen, die Erdbeeren fangen an zu zittern, aber Dubiček spricht beruhigend, daß er zu »einäm äntfärntän Vättär nach Weißänsää, nicht zu ihm« wolle, vorher möchte er aber noch »bittä sähr«, seine Schulden begleichen, da er zu einigem Geld gekommen sei, seine Mutter habe aus Altersgründen einen kleinen Weinberg verkaufen müssen, »bittä sähr«.

Buchmeier, der wegen der kommenden Währungsumstellung schon wochenlang aus dem Häuschen war, winkte mit einem der verbilligten Erdbeerkörbe so heftig ab, daß die Straßenbahn wie wahnsinnig nach Erdbeeren zu duften begann, aber der Übersetzer beharrte auf Begleichung seiner Schuld. »Rächt muß Rächt bleibän, bittä sähr!« rief der Wichtigtuer so laut, sagt Buchmeier, daß die Leute guckten, als hätte er dem aufdringlichen Kerl das schwarze Zickenbärtchen auszureißen versucht, und als Buchmeier dann auch noch erklärte, er habe die Höhe der Schuldsumme vergessen, schrie Dubiček: »Där Wahrheit die Ährä, bittä sähr!«, worauf die Fahrgäste eine drohende Haltung gegenüber Buchmeier einnahmen und dieser verängstigt stotterte: »Zweihundertzwölf Mark, Meister!«

Hierauf, sagt Buchmeier, erklärte ihm der Übersetzer beinahe weinend, so ein großer Weinberg sei der kleine Weinberg seiner armen Mutter nun auch wieder nicht gewesen, er hätte nur hundertzwölf Mark flüssig, wenn ihm Buchmeier aber hundert Mark leihe, könne er ihm die volle Summe aushändigen, Buchmeier, das Rindvieh, lieh dem Übersetzer sofort die hundert Mark, denn es sei ein aufwühlendes Gefühl gewesen, sagt er, daß ihm Dubiček alles zurückzahlen wollte. Leider aber flüsterte ihm der unverschämte Kerl sofort danach zu, daß er nunmehr völlig abgebrannt sei und ob ihm Buchmeier nicht mit weiteren hundert Mark aushelfen könne, es müßten ja bald Honorare eingehen. Mit nervösem Lachen händigte Buchmeier seinem Übersetzer auch noch diese verfluchten hundert Mark aus, warum hatte er auch immer so viel Geld bei sich, und erst beim Aussteigen an der Immanuelkirchstraße wurde ihm bewußt, daß er zwar die zweihundertzwölf Mark von Dubiček zurückbekommen, diesem aber in Form der zweihundert Mark fast das ganze Geld dafür wieder geliehen hatte!

Hier nun ist meinem Freund Buchmeier, dem Humoristen und Verfasser von *Der Mond, das goldne Schwein* (Sie wissen hoffentlich noch: »Die Säufer stehen kopf in den Gewächsen, das Abendrot, das alte Stinktier, schweigt« ?), der Humor explodiert, sagt er, er ist von seinem Übersetzer, dem Vieh, und der übrigen Menschheit so enttäuscht gewesen, sagt er, daß er, der Freund der Vögel, eine zufällig des Weges daherkommende Singdrossel angebrüllt hat, sie möchte ihm gefälligst aus dem verdammten Weg gehen. Außerdem habe er plötzlich auch noch daran denken müssen, sagt er, daß seine Frau, die Luitgard, die Frühstückseier immer zu weich kocht. Und der Wellensittich hatte in sechs Jahren nur das Wort »Lokomotive« sprechen gelernt, was könne ein Wellensittich mit »Lokomotive« anfangen, und wozu lebe man überhaupt? Mein Freund Buchmeier, der Verfasser von *Der Mond, das goldne Schwein* (»Die Säufer stehen kopf in den Gewächsen, das Abendrot, das alte Stinktier, schweigt«) sagt, in dieser Situation sei ihm der Glaube an die Menschheit verlorengegangen. Er hat nicht einmal mehr daran geglaubt, sagt er, daß Dubiček, der Lump, je ein Wort von ihm ins Tschechische oder Slowakische übersetzt hatte!

In dieser verzweifelten Lage mußte er wegen der Währungsumstellung glücklicherweise noch schnell zweihundert Mark zu seiner Schwiegermutter nach Dresden-Tolkewitz bringen, wo das Krematorium ist, sagt Buchmeier, und obwohl man in Berlin immer anzunehmen geneigt sei, es gebe nur Berlin, gäb's eben zum Glück auch Dresden, denn als der aus Prag kommende »Vindobona«-Expreß auf der Rückfahrt über eine der Elbbrücken gedonnert sei, habe er auf der Toilette eine zerfledderte tschechische Tageszeitung gefunden mit auf der Rückseite etwas Humor, was er an den Zeichenwitzen erkannt habe. Interessanter sei aber gewesen, sagt er, daß er unter einem auf dieser Rückseite befindlichem Gedicht den Namen Johann Dubiček entdeckt habe. Und weil in seinem Abteil eine ältere, deutsch sprechende Nonne aus Prag saß, habe er sich das Gedicht von der ehrwürdigen Nonne übersetzen lassen, denn was dieser Dubiček, der Lump, für miserable Gedichte schrieb, das interessierte ihn nun aber doch aufs heftigste. Wie sehr war er aber erstaunt und beschämt, sagt er, als er von der Nonne hörte, daß die ersten Zeilen dieses Gedichts lauteten: »Die Säufer stehen kopf in den Gewächsen, das Abendrot, das alte Stinktier, schweigt!«

»Äs ist äntnommän däm Gädichtband *Där Mond, das goldnä Schwein*, neunzähnhundärtzweiundachtzig ärschienän und värfaßt von Johann Dubiček«, übersetzte die Nonne, und Buchmeier schluchzte auf. Also hatte Johann Dubiček doch nicht gelogen! Also hatte dieser brave Mensch Buchmeiers Gedichte noch kompromißloser, als es sich Buchmeier je habe vorstellen können, ins Tschechische übersetzt, das ganze Buch sogar, der Sauhund!

Dieses Faktum, sagt Buchmeier, habe ihm natürlich nach kurzem Überlegen den Glauben an die Menschheit wiedergegeben. Wie ein Wurf junger Schweine in der Morgensonne habe er das Schlangestehen bei der anstrengenden Währungsumstellung und die folgenden Mieterhöhungen verkraftet, und selbst heute, wo man sogar die Kombinatsleberwurst und das Sandmännchen in Frage stelle, obwohl beide seines Wissens nicht mal ein Blauhemd getragen hätten oder dieses nur unter der Pelle, selbst heute könne ihm diesen Glauben – dank seines hochverehrten Übersetzers Johann Dubiček aus Bratislava – kein Aas mehr nehmen, ihn wundere nur ein wenig, daß der Name Buchmeier im Tschechischen Dubićek laute!

Was macht das Wasser im Wasser?

Als Jungverheirateter wünschte ich mir keinen Trabant Kombi mit Schiebedach und Hycomatschaltung, sondern Kinder, viele gesunde, milchzähnige Kinder mit verwunderten Augen und dicken Beinen: kleine Mädchen mit Mauseschwanzzöpfen, kleine Jungen mit roten Backen und rührenden Muskeln – meinetwegen auch kleine Jungen mit Mauseschwanzzöpfen und kleine Mädchen mit roten Backen und rührenden Muskeln. Warum ich mir Kinder wünschte, weiß ich nicht. Es werden Fortpflanzungsgründe gewesen sein. Wie bei den Regenwürmern. Vielleicht war's auch Instinkt? Wegen der sogenannten Unsterblichkeit, damit was bleibt von einem, wenn man in die Grube gefahren ist, und wenn's nur die schönen Hände sind, obwohl man dann gerade die schönen Hände nicht weitervererbt, sondern die unangenehme Eigenschaft, über den Onkel zu laufen oder das geliehene Geld nicht zurückzugeben.

Meine Frau war zwar nicht so begeistert von meinen Wünschen, aber nach dem ersten Jungen wollte sie plötzlich auch noch ein Mädchen, und als das Mädchen »Wauwau« sagen konnte, wollte sie noch einen zweiten Jungen, weil unser erster ins Kraut schoß, und als der gewünschte zweite Junge ein Mädchen war, haben wir's noch einmal versucht, und siehe da: Wir bekamen gleich zwei Söhne auf einmal! Das Leben war spendabel, es schüttete! »Wie bei den Regenwürmern!« sagte ich.

»Du wolltest ja Kinder haben!« erwiderte meine Frau (sie trägt neuerdings eine Kräuseldauerwelle), und ich wollte wirklich Kinder haben, aber an das rücksichtslose Vorgehen der Zeit hatte ich dabei nicht gedacht, denn nun haben wir schon Erwachsene, Erwachsene, die nicht mehr »Wauwau« sagen – Erwachsene, die überall sind, nur nicht bei uns zu Hause in der erstaunten Wohnung. Darum warte ich (wie der Kuckuck auf den Frühling) auf die hin und wieder stattfindenden Besuche dieser Erwachsenen nebst ihrer kleinen Mädchen mit Mauseschwanzzöpfen und kleinen Jungen mit roten Backen und rührenden Muskeln, meiner Enkelkinder, und tröste mich in den Zwischenzeiten mit Ludolf Jänkel: Ludolf Jänkel mit den großen, schlauen Ohren, bester und größter Treppenrunterlaufer im ganzen Hause, Schüler bald der zweiten Klasse, Tür an Tür wohnen wir!

Immer, wenn meine Frau nach der Arbeit ein kleines Nikkerchen machen will, klingelt Ludolf bei uns wie die Feuerwehr. »Mit so einem Vornamen muß ein Mensch große Ohren haben, ich wundere mich, daß sie nicht noch größer sind!« sagt meine Frau dann erbost.

Ludolf aber strahlt, weil er Bonbons sieht. »Malze«, sagt er, denn Ludolfs Mama, die immer guckt, als sei sie soeben von mehreren Dutzend Menschen beleidigt worden, stammt aus Radebeul, dem Geburtsort von Old Shatterhand. »Ä rischtsches Wurschtfettgewitter«, sagt Ludolfs Mama von Ludolf. »Sießigkeiten kriegt er gorantiert kaine!« sagt sie mit ihrem armen, kleinen, zuckenden Mund, der die Neigung hat, öfter mal spitz zu werden. »Dä Zähne leiden drunder!« sagt sie, denn Ludolf hat ungewöhnlich viel Zähne, die reinsten Mahlwerke für Himbeerbonbons.

»Hack zu, Ludolf, beiß sie kaputt, nicht erst lutschen!« sage ich, und Ludolf sieht mich bewundernd an. Vermutlich hält er mich für Wilhelm Tell oder Karl Stülpner! Seine Oma arbeitet bei der Flaschenannahme in Radebeul. Durch Ludolf kenne ich diese Flaschenannahme im fernen, von Indianergeheul erfüllten Radebeul wie meine eigene Flaschenannahme.

Durch Ludolf kenne ich auch einen Teil der wichtigsten lebenden Persönlichkeiten und weiß, daß Ludolfs Papa zu einer Krankenschwester namens »das Weib« gezogen ist und Ludolfs Onkel Jürgen in Cottbus einen Hund mit einem abben Schwanz hat. In weitere Geheimnisse der Familie Jänkel einzudringen habe ich vor.

Auf der Straße, wenn er mit seinem Ungetüm von quittegelbem Ranzen aus der Schule kommt, und wir uns begegnen, winkt Ludolf mir heftig zu. Dann vollführe ich einige Zirkuskunststückchen mit dem Einkaufsbeutel und Ludolf will sich ausschütten vor Lachen. Begeistert schreit er: »Onkel Cuhnrad!« Hierauf zeigt er mich nicht ohne Stolz seinem Herzensfreund Ströbel, dessen Vater, sollten Sie's noch nicht wissen, schon zweimal mit einem Leistenbruch im Krankenhaus war. Er geht aber trotzdem noch selber die Getränke holen! Und Ströbels Schwester stottert, aber nicht sehr! Angesichts meiner Persönlichkeit bricht auch der Schüler Ströbel in ein begeistertes »Onkel Cuhnrad!« aus, denn siehe: In Erste-Klasse-Kreisen bin ich beliebt! Das geht so weit, daß mir, als ich am Wochenende in Leipzig an der Pleiße war, ein fremdes, zahnlückiges Kind an der Hand seiner Eltern ebenfalls begeistert »Ongel Guhnrad!« zurief. Obwohl ich ein eher knurriger Hund bin. Aber eben einer mit Bonbons, ein Einkaufsbeutelakrobat! Für mich zeichnet Ludolf Elefanten, die wie besoffene Mäuse aussehen. Für mich biegt er seinen Daumen so nach hinten, daß er knackend einer Krampe zu gleichen beginnt.

Dann stößt meine Frau kleine, spitze Schreie aus, und Ludolf sagt stolz: »Wie die Klöhne!« Er sagt auch: »Dort steht eine Fliege, Onkel Cuhnrad!«, und ich vermisse meine fernen, erwachsenen Kinder und die fernen kleinen Mädchen mit Mauseschwanzzöpfen nebst der fernen kleinen Jungen mit roten Backen und rührenden Muskeln, meine Enkelkinder, nicht mehr so sehr, obwohl meine Frau stöhnt: »Daß er immer Cuhnrad sagen muß!« Aber Ludolf bleibt bei »Cuhnrad«, und Ludolfs Mama sagt: »Dän schduren Garagder hat er von seim Vader!« Wenn Ludolf im Treppenhaus wie angestochen schreit, habe ich keine Angst mehr, daß die Traurigkeit über mir zusammenschlägt. Ich lausche dem tierischen Gebrüll und verstehe es: Ludolf ist voll Ludolf, und außerdem ist er mal wieder genudelt worden, man hat ihn in der Schule mit Wissen vollgestopft, er läuft über!

»Nimm Himbeerbonbons!« sage ich, und Ludolf tut's, im Gesicht eine Seligkeit, als könnte er plötzlich kunstradfahren oder auf den Zeigefingern laufen. »Zu Hause kriege ich nie welche!« sagt er zubeißend, und es knirscht grauenerregend. »Du hast bald so dicke Füße wie meine Oma, Onkel Cuhnrad!« spricht er anerkennend.

»Danke, Ludolf!« erwidere ich, und dann fiept der Kessel.

»Tee kriege ich zu Hause auch nie!« gesteht mir Ludolf.

»Ich hab's mir gedacht!« sage ich.

»Warum machst du das Wasser so heiß, Onkel Cuhnrad?« fragt Ludolf. »Das verbrennt sich ja die Finger!«

»Wasser hat keine Finger, Ludolf!« antworte ich und übergieße den Tee.

»Ich weiß«, sagt Ludolf, »ich dachte nur, daß sich das Wasser trotzdem die Finger verbrennt; was macht es im Wasser?«

»Wer?« frage ich überrascht.

»Na, das Wasser!« antwortet Ludolf. »Was macht das Wasser im Wasser?«

»Warum?« rufe ich ängstlich.

»Weil ich nicht weiß, was das Wasser im Wasser macht!«

»Es kocht!« antworte ich.

»Und was macht es im Wasser, wenn es nicht im Wasser kocht?«

»Dann hält es sich im Wasser auf!«

»Und was macht es im Wasser, wenn es sich im Wasser aufhält?« fragt Ludolf.

»Ich glaube, ich werde verrückt!« sage ich, ahne aber, was Ludolf meint. Er meint vermutlich, was das Wasser im Wasser macht, wenn es nichts im Wasser macht, Sie verstehen?

Als geübter Vater kenne ich solche Fragen, ich habe oft bis zur Verblödung über sie nachgedacht – vielleicht habe ich sogar die laute Stimme und das Vor-mich-hin-Reden in der Straßenbahn davon –, und eigentlich hätte ich einfach die Schnauze halten und mich in überhaupt keine Diskussion über die Tätigkeit des Wassers einlassen sollen. Aber ich habe eben doch Illusionen, ich mußte partout zu überlegen anfangen, was das Wasser im Wasser macht, denn der Homo sapiens, um das mal gebildet zu sagen, ist ein ehrgeiziges Luder, ein großer Schlaumeier vor dem Herrn. Er dürstet nach Anerkennung und Ruhm, er will nicht nur mit gelösten Kreuzworträtseln oder vor dem Apparat beim Fernsehquiz glänzen, sondern auch vor Schülern der ersten Klasse, weil seine Frau und die Kollegen nie richtig zuhören, und er möchte sich doch so schrecklich gern goldene Epauletten mit Sternen drauf verdienen oder ein Bundesverdienstkreuz, und wenn's nur die Ausgabe für Anfänger ist, und daß er vielleicht wenigstens einmal in seinem Leben eine Parade abnehmen darf – und wenn es nur eine ganz kleine wäre!

Darum schlage ich dann eben doch das alte, häßliche Konversationslexikon von Meyer, Band 8, Tembe bis ZZ auf. »Der Mensch besteht zu sechzig bis siebzig Prozent aus Wasser, Ludolf!« sage ich traurig.

Ludolf sieht mich flehend an, und ich bin plötzlich froh, daß meine Kinder schon erwachsen sind. Erwachsene fragen, ob man ihnen einen Hunderter pumpen kann, sie fragen, wie's einem geht und warum es so warm ist oder so kalt und wieso immer sie und nicht mal die anderen dieses Pech haben und weshalb Hannelore das Kind von diesem häßlichen Kerl kriegen will –, seltener fragen sie mit leuchtenden Augen nach den Rätseln des Alls.

»Es gibt sogar Wasserhosen, Ludolf!« sage ich. »Aber was macht es im Wasser, das Wasser, das hast du mir immer noch nicht gesagt, Onkel Cuhnrad!« ruft Ludolf energisch.

»Mein Gott«, antworte ich, »es ist vorhanden, Junge, und es hält sich in sich auf, es ist in sich drin wie du in dir!«

»Ist das Wasser obendrauf auch in sich drin, Onkel Cuhnrad?« fragt Ludolf.

»Hier hast du zwei Mark«, erwidere ich ergriffen, »geh und kauf dir Eis dafür!«

»Zwei Mark kriege ich zu Hause nie!« ruft Ludolf und springt glücklich davon.

Nachdenklich stecke ich mir ein Himbeerbonbon in den Mund und zermalme es (anders halte ich Himbeerbonbons im Mund gar nicht aus!). Was macht das Wasser nun wirklich im Wasser? Steht es kopf? Tritt es Wasser? Klammert es sich an sich, stückchenweise, molekular, und ist diese Frage überhaupt noch zeitgemäß beziehungsweise marktwirtschaftlich verwertbar? Macht es eventuell gar nichts? Oder übt es vielleicht gar die sogenannte Kohäsion aus, die ich einst in der Schule gelernt und mittlerweile wieder vergessen habe? Was macht es? – Pscht, nicht verraten, Vogelfreunde, laßt mir die Spannung! Laßt mich ein wenig darüber nachdenken, was das Wasser im Wasser macht, die Meere werden deshalb nicht gleich austrocknen!

Laßt mich den Geist wetzen! Wenn ihr mich schweigsam durch die Straßen gehen seht, Vorgebildete, mit leuchtenden Augen, zärtlich an einem schokoladendurchwachsenen, nußgespickten Erdbeereis schlabbernd, dann wißt, Aquarianer, daß da ein nicht mehr ganz junger, aber immer noch staunender Mensch geht, der dank seiner Freundschaft mit einem

Schüler der ersten und bald der zweiten Klasse zum erstenmal in seinem Leben über die geheimnisvolle Tätigkeit des Wassers im Wasser nachdenkt, und vielleicht sogar – verzeiht, Anhänger der Nacktkultur! – werde ich mir dabei trotz meines Bauches noch ein zweites schokoladendurchwachsenes, nußgespicktes Erdbeereis zu Gemüte führen!

Gruß aus dem Waldschlößchen

Das Leben schreibt die unwahrscheinlichsten Geschichten! Nicht gerade, daß einem Pommes frites aus den Ohren wachsen, sonst könnte man sich bei McDonald's anstellen lassen, aber man trabt vielleicht ahnungslos durch irgendeine städtische Anlage, die Kommunalverwaltung hat fegen lassen, die Knospen jubeln, die Frühlingssonne kracht, und plötzlich sagt eine des Weges daherkommende Drossel »Guten Tag, mein dicker Liebling!« zu uns. Dann errötet man doch erst einmal am ganzen Körper, meine Damen, weil man sich dieses Phänomen nicht erklären kann, es für einen Hokuspokus hält oder für die Teufelei irgendeines Rotzlöffels aus dem Orkus.

Aber dann war's vielleicht nur die dienstfreie Kollegin Plischke auf der Bank hinterm Knackbeerenstrauch, die gerade ihren Liebsten, den Ehemann Holger Putzig, begrüßte, also eine Sinnestäuschung. Oder es war das viel zu laute, antike Kofferradio (Geschenk zur Jugendweihe 1986) von Kniebeckers Hansi, der unverschämten Nase, der kindischen!

Vielleicht war's aber auch etwas Unerklärbares, werter Leser, so etwas wie eine Nase ohne Löcher oder ein des Jodelns mächtiges Hühnerei, weil man es doch trotz der zunehmenden Auspuffgase und Idioten nicht bestreiten kann, daß Gott sei Dank immer noch Dinge zwischen Himmel und Erde passieren, denen man mit der ganzen modernen Dramatik von Heiner Müller bis zu Inge Meysel nicht beikommt, da hilft auch kein Einsteinsches Zungeherausstecken, es gibt nun mal Dinge, die unerklärbar sind, so wie das Ding, von dem mir mein Nachbar Udo Birne erzählte, ein Ding, welches mit seinem Onkel Karl zu tun hat, dem jüngsten Bruder seines Vaters und nur zwei Jahre älter als Udo Birne, der – Gott sei uns gnädig! – auch schon sechsundsechzig ist.

Vor Äonen von Jahren, als Udo Birne zehn Jahre alt war und eine grüne Pflaume, sagt er, hätten sich seine Mitschüler in der großen Pause immer scheckig gelacht, wenn er ihnen erklärt habe: »Dieser Junge da drüben auf dem Schulhof, der kleine, zappelige, überfrohe Sack aus der sechsten Klasse, der mit den Eierwaden, dem die Unterhosen unten rausgucken, das ist mein Onkel Karl!« Gekugelt hätten sie sich, weil ein Junge einen Jungen zum Onkel hatte, sagt Birne, und er habe sich mitgekugelt, denn die Jugend, sagt er, sei übermütig bis an die Sterne, das würde erst durch Tiefschläge und Reinfälle des späteren Erwachsenenlebens reguliert. Wenn's diese Reinfälle nicht gäbe, sagt Birne, schössen nicht nur die Enkelkinder, sondern auch die Großeltern Purzelbäume!

Solche Schläge auf den Kopf aber hätten vermutlich auch seinen Onkel Karl reifen lassen, sagt Birne, denn schon mit fünfunddreißig habe der Onkel überall verbreitet, ihm sei nun endlich klar, daß die Zeit, in der er vor seiner Geburt nicht da war und nach seinem Tode nicht da sein würde, viel länger sei als die Zeit, in der er als Karl Birne vorhanden sei. Und in dieser so knappen Vorhandenseinszeit müsse er, habe er ganz bitter gesagt, tiefe und flache Eßteller abtrocknen und sich abhetzen und sich Mühe geben und tüchtig sein, vom dauernden Jasagen und der demütigenden Katzbuckelei vor irgendwelchen Leuten und Ehefrauen gar nicht zu reden, wo er doch, habe er gesagt, viel lieber Bauchredner geworden wäre. Außerdem müßten an einem Lebensweg auch Bänke und Bäume stehen, er pfeife darauf, die Sache im Laufschritt abzumachen, er wolle auch mal rasten und Luft schöpfen und vor sich hin lächeln, denn warum so hastig! Man wüßte sowieso nicht, wo's hinginge!

Solches, sagt Birne, sei der Grund dafür, daß sein Onkel schon vor vielen Jahren, als er noch alle Zähne im Mund hatte, damit angefangen habe, alte Postkarten zu sammeln, denn Skat spielte er nicht, und Garten wollte Tante Trude keinen haben wegen der Salatraupen und der Bückerei beim Unkrautzupfen. So sei der Onkel Philokardist geworden, sagt Birne, ein Verehrer der antiken Ansichtspostkarte, was zwar keine Bauchrednerei sei, aber doch so etwas wie ein Guckfenster ins Bauchrednerische und Trostreiche, denn wenn der Onkel von der Arbeit gekommen war und in der Küche für die Nachbarn oder Tante Trude Schlüssel gefeilt, Scheren geschliffen, Besenstiele eingestielt, Fußbänke genagelt und düstere Augen bekommen hatte, wenn er mit dem Abtrocknen fertig war und Tante Trude ihm mit schriller Stimme zu berichten begann, wie aufopfernd man in ihrer Behörde für die Bevölkerung tätig sei, vor allem sie, wandte sich Onkel Karl sogleich seinen alten Postkarten zu, die er, weil ihn die Tante damit aus dem Wohnzimmer vertrieben hatte, wie Gott zu Tausenden im Schlafzimmer stapelte.

Das sei für den Onkel, sagt Birne, von der Bauchrednerei mal abgesehen, wie eine Reise ins Land seiner Jugend gewesen, wo er ein übermütiges Kalb war, ein jauchzender Adler, der reinste Pegasus aus Grimms Märchen. Beim Anblick der Karte »Miss Elfriede, Luft Voltigeuse« hätten sich Onkel Karls säuerliche Züge beispielsweise sichtbar versüßt, sagt Birne, was auch eingetreten sei angesichts der Prachtstücke *Berlin unter Wasser* und *Gruß aus dem Gurkenparadies Spreewald*, wo auf der Karte schwermütig blickende Menschen mit absonderlich geformten Nasen zu sehen seien. Eine Delikatesse für Gurkenfreunde, sagt Birne, der besonders die Karte *Der Riesenochse Sultan, der größte Ochse der Welt* lieb hatte, da sie der Öffentlichkeit bewies, daß sein Lehrer Rademacher, der ihn, Udo Birne, im Sommer 1934 als den größten Ochsen der Welt bezeichnet hatte, einem Irrtum auf den Leim gegangen war, weil im Sommer 1934 Onkel Karls Postkartenochse der größte Ochse der Welt gewesen war, von Hitler ganz zu schweigen.

Aber auch die Karte *Anna, das Kolossalmädchen, 18 Jahre alt – 492 Pfund schwer* könne uns Zeitgenossen erquicken, sagt Birne, genauso wie die traurige Karte *Andenken an Lionel, den Löwenmenschen, 17 Jahre alt*, wo ein unmenschlich behaarter Jüngling vorgezeigt wurde, ähnlich wie Jean Marais als Tier in *La belle et la bète*.

So sei es kein Wunder gewesen, sagt Birne, daß es Onkel Karl in kritischen Zeiten mit Macht zu seinen Karten zog, zu *Wera, dem schwersten Mädchen der ganzen Erde*, zur *Schauspielerin Maria Paudler in einem gehäkelten Pullover aus Faldaniawolle* oder zum beglückenden Meisterwerk *Der größte und der kleinste Soldat vom Rekrutendepot des Ldst.-Inf.-Batl. Annaberg*, denn auch das seien die Wurzeln von uns Deutschen, und nicht nur Friedrich der Große, Wim Thoelke und Goethe.

Wenn Tante Trude von der Behörde anfing, wo man – und vor allem sie – so selbstlos tätig war, tröstete sich Onkel Karl, sagt Birne, bei *Siebold's nordischem Riesen Olaf, dem größten Menschen aller Zeiten*, was die Tante natürlich dazu veranlaßte, sagt Birne, schon nach kürzester Zeit zu bemerken: »So soll er sich doch von seinem nordischen Riesen die Kohlrouladen machen lassen!«

Dann habe der Onkel die Riesen zu den Liliputanern gepackt und sich der anstehenden Hausarbeit zugewandt, sagte Birne, wobei dem Onkel nach dem Eintritt ins Rentenalter immer klarer geworden sei, wie er gesagt habe, daß er trotz seiner Sehnsucht nach der Bauchrednerei sein ganzes Leben lang wie ein treuer Zuschlaghammer aus Samt und Seide gerackert habe, nun aber wolle er nicht mehr müssen müssen, sondern frei sein, frei für Ansichtspostkartenraritäten, frei, um eine Zigarre zu rauchen und das Schweigen der immer noch süßen Welt, die von jedem Pfeifenkopf schlechtgemacht werde, zu genießen!

Aber schon beim ersten Rauchwölkchen rufe Tante Trude: »Denk an deine Lunge, Karl!« Und beim kleinsten Magenbitter: »Denk an deine Leber!« Und auf der Toilette, wenn er danach sprayte: »Denk ans Ozonloch!«

Alles Ausrufe der sorgenden Liebe, sagt Birne, trotzdem aber habe es der egoistische Onkel ignoriert, denn als er ihn am letzten Sonntag besuchen wollte, sagt Birne, um ihm drei Scheren und vierzehn Messer zum Schärfen zu bringen, habe Tante Trude zwar behauptet, daß der Onkel wieder in seinen alten Postkarten stecke, aber bei den alten Postkarten sei dann keiner gewesen – und woanders auch nicht, sagt Birne, sie hätten die ganze Wohnung auf den Kopf gestellt, er und Tante Trude. »Wie kommt er bloß darauf, plötzlich zu verschwinden? Das ist ja bald wie Krausnicks aus dem Seitenflügel, wo der Mann gerade da mit einem Schlaganfall ins Krankenhaus ist, als sie beim Malern waren!« habe die Tante erregt gerufen. Das habe ihn so erregt, daß die Tante so erregt war, sagt Birne, daß er sofort noch einmal ins Schlafzimmer sei, und dort wäre sein Blick dann endlich auf diese etwa achtzigjährige, an den Ecken etwas abgestoßene Ansichtskarte mit der Aufschrift *Gruß aus dem Waldschlößchen* gefallen.

Zwar habe er schon gelesen, sagt Birne, daß Menschen auf Gemälden und in London verschwunden seien, aber Onkel Karls Aufenthaltsort habe ihn dann doch etwas überrascht, weil der Onkel in einem auf der betreffenden Ansichtskarte abgebildeten Biergarten bei einem Riesenbier gesessen habe, einfach so als winzigkleine, flächige, schwarzweiße Ansichtskartenperson, neben sich ein dickes Weib mit einem einwecktopfartigen Hut auf dem Kopf, und durch die Lupe habe man erkennen können, daß der gewissenlose Kerl unverschämt glücklich grinste. »Das reinste Honigkuchenpferd, es ist unglaublich!« sagt Birne. Darum habe Tante Trude nach längerem Studium dieser beinahe kriminellen Ansichtskarte auch nur gesagt: »Je öller, je töller!« und dann noch, bevor sie furchtbar zu schweigen angefangen habe: »Wo er mir doch heute die Blumenkästen streichen wollte, es ist mir einfach unerklärbar, *unerklärbar* ist mir das!«

»Mir auch!« habe er da erwidert, sagt Udo Birne, und sei mit seinen verdammten drei Scheren und den verdammten vierzehn Messern schnellstens wieder abgezogen, sonst wäre die Tante vielleicht noch darauf gekommen, sagt er, daß auch er Blumenkästen streichen konnte, wozu er es, sagt er, mit seinen dauernden Rückenschmerzen gar nicht erst kommen lassen wollte, denn verrückt sei er trotz dieser Verwandtschaft noch lange nicht!

Aus dem Schauspielerleben

Mein Freund Brandstätter ist ebenfalls Schauspieler, aber nicht an meinem, sondern an einem anderen Theater hier in Berlin, dessen Namen ich verschweigen will, denn beim Theater sind sie übelnehmerisch, alles Mimosen. An Brandstätters Theater jedenfalls haben sie vor einem Jahr eine regieliche Nachwuchskraft aus den alten Bundesländern engagiert, einen kleinen, zartgliedrigen Menschen von sauerländischem Typus mit etwas Italiener. Er trug ausnahmslos Schuhe mit Toreroabsatz, soll aus Lüdenscheid gewesen sein und den behenden Gang eines Eichhörnchens gehabt haben. Seine Tätigkeit begann dieser Charakter als Regieassistent, also als einer, dem der Regisseur nicht viel glaubt und dem die Schauspieler nicht viel glauben.

Trotzdem grüßte der Jugendfreund aus Lüdenscheid die Schauspieler ohne Bitterkeit, die Regisseure voller Achtung und hatte wenig Hang zur Besserwisserei, was selten wie ein Einhorn am Theater ist, sagt Brandstätter. Ehrenfried hieß er und trat nur in beigen Arbeitshosen mit Fahrradspangen auf. Er wurde von den Schauspielern, die ja meist mit sich zu tun haben, kaum beachtet, war aber wie die Zündflammen im Durchlauferhitzer vorhanden. Brandstätter, der groß, klotzig und semmelgelb ist, stand ihm, sagt er, anfangs mißtrauisch gegenüber, weil der Bursche Ehrenfried hieß, drei Fremdsprachen beherrschte und aus Lüdenscheid stammte. Brandstätter, der als einzige Fremdsprache das Bühnenhochdeutsch spricht und in Gedanken berlinert, manchmal auch im Bühnenhochdeutsch, heißt Paul und stammt aus Pankow.

Vor einigen Monaten nun vernahm mein kopfschüttelnder Freund Brandstätter im Theater, daß dieser blutjunge Lüdenscheider die Regie eines Stückes erhalten hatte. Es war ein faustisch suchendes Märchen aus dem südlichen Sauerland. »Der kleine Pferdesattel«, wenn ich mich recht erinnere, betitelt, ein Gleichnis auf die neuen Bundesländer und wahrscheinlich sogar von dem Lüdenscheider verfaßt. Besetzt waren ausschließlich kleine, zartgliedrige Kollegen, sagt Brandstätter, die alle Schuhe mit Toreroabsätzen trugen, darunter ein gewisser Alfred Schneeglokke, ein sensitiver Zwerg Nase, der dauernd mit den Nüstern flatterte, den spitzen Mund einer magenkranken Großmutter und die glühenden Augen Franz Kafkas hatte und oft in irgendwelchen Ecken heimlich weinte. Natürlich war auch er klein und zartgliedrig, nur, daß ihm das siegreiche Leben eine deftige Wanne angeschwemmt hatte.

Nun war dieser Schneeglokke mit sieben Rollen besetzt, denn der neue Regisseur hatte Einfälle, und die im Stück beschäftigten Schauspieler sollten alle mehrere Rollen spielen, was sich erstens positiv auf den Etat des Theaters auswirkt (man sollte das auch in anderen Berufen machen!) und zweitens meist verstörend auf die Zuschauermassen auswirkt, sagt Brandstätter, und zur Belebung der Kulturdiskussionen beiträgt.

Es waren Rollen mit solchen Namen wie »Die kleine Blüte mit den 35 kleinen Blütenblättern« oder »Der kleine Rucksack«, also alles klein, obwohl das nicht typisch für das Sauerland wäre, sagt Brandstätter, denn die großen Schnauzen würden dort in Masse auftreten. Die einzige im Stück beschäftigte Frau durfte natürlich »Die kleine Blüte mit den 35 kleinen Blütenblättern« spielen. Das soll den mit dem »Kleinen Rucksack« und ähnlichem besetzten Schneeglokke furchtbar gewurmt haben, denn er hätte auch gern »Die kleine Blüte mit den 35 kleinen Blütenblättern« gespielt –

schon wegen seiner Frau, die ihn wenigstens auf der Bühne einmal hübsch haben wollte. Aber die Kunst geht ihre eigenen verschlungenen, spröden Pfade, sagt Brandstätter. Man will erst vieles nicht begreifen, nicht mal Picasso, doch später schlägt man sich vor die Stirn und ruft: »Natürlich, so war's gemeint!« Darum sollte man, sagt er, dem kritisch eingestellten Künstler vorher sagen, wenn was Kunst werden soll, damit er sich dann während der Produktion nicht das Maul darüber zerreißt und es einen alten Käse nennt.

Jedenfalls soll dieser Schneeglokke mächtig geknurrt haben, obwohl er so ehrgeizig war, daß ihm oft die Ohren ganz weiß davon wurden. Aber auch er als nichtbeteiligter kritischer Geist hat den Kopf schütteln müssen, sagt Brandstätter. Obgleich er das Abitur habe, habe nicht einmal er begriffen, warum es eine Nachwuchskraft aus Lüdenscheid sein mußte. Warum hatten sie keinen aus Pankow genommen? Doch dieser Sauerländer, der nicht mal akzentfrei berlinern konnte, durfte Regie führen. Dabei würde ein schöner Bockmist herauskommen!

In den ersten Probenwochen hätten die Kollegen bei diesem Regisseur – Ehrenfried hieß er! – aber erst mal gymnastisch die Körper abgehärtet und meditieren müssen, um ihre Persönlichkeit zu entdecken. Das heißt, daß sich jeder in sich selbst zu versenken hatte. Stundenlang sollen sie sich die Körper verrenkt und sich danach in sich selbst versenkt haben. Während dieser Zeit ist Schneeglokke nur noch mit niedergeschlagenen Augen über den Theaterhof ins Probenhaus gehuscht, sagt Brandstätter. Wahrscheinlich hat er bei sich innen nichts gefunden, sagt er, obwohl er außen einen nagelneuen Golf mit Hängerkupplung besaß und schon eine große Tochter mit richtigen Brüsten, die gerade die Fahrschule bestanden hatte. Aber Ehrenfried aus Lüdenscheid hatte die Macht, obwohl er mit dem Fahrrad kam.

Brandstätter ist jedenfalls gar nicht mehr aus dem Kopfschütteln herausgekommen, sagt er, denn dieser Einbruch sauerländisch-indischer Probentechniken ins hauptstädtische Schauspielerdasein hat ihn mit kolossaler Bitternis erfüllt, sagt er, das seien fast Existenzfragen gewesen. Die bei diesem Regisseur eingesetzten Kollegen wären ja nicht einmal mehr dazu gekommen, an ihr Auto oder an ihr Konto zu denken! Das habe sogar ihm Schlafstörungen verursacht, weil der Berliner Schauspieler doch abends seine Vorstellungen, lang wie Wagneropern, habe und auch seine wichtigen Nebenarbeiten und sein seelisches Gleichgewicht. Plötzlich aber habe ein vagantischer Lüdenscheider so getan, als gäb's nur noch Proben auf dem Boden der neuen Bundesländer und angeknackte, nach Frieden, Liebe und Geistigkeit lechzende Naturburschenseelen, keine trockenen Sorgen um die Arbeit und die Wohnung. Das konnte ja Schule machen! Ach, wie hat er da sogar als Nichtbeteiligter den Kopf schütteln müssen, sagt Brandstätter.

In der sechsten Woche konnte er aber auch mal nicken, sagt er, denn er erfuhr, daß Alfred Schneeglokke beim Meditieren einen Wutanfall bekommen hatte. »Dauernd hockt man in sich drin, ich will endlich raus aus mir, mein Inneres kotzt mich an!« soll er gebrüllt haben. Daraufhin hat dieser abgebrühte Lüdenscheider richtig zufrieden gesagt, nun hätte Schneeglokke endlich die Mauer überwunden und sei reif zum Etüdenspielen.

Etüden sind kleine Übungsstücke, die sich der Schauspieler ausdenken muß, damit seine Phantasie für die eigentliche Probenarbeit befreit wird. Sie sind fast immer ohne Text, denn dieser fällt der befreiten Phantasie des Schauspielers nicht so schnell ein, weshalb er in seiner Etüde meist stammelt oder Geräusche macht, was ihn oft dazu verführt, sprachlose Windeier zu legen. Beispielsweise spielt der Schauspieler dem Regisseur eine zweiunddreißigjährige ledige Mutter an der Nähmaschine vor, macht ein leidendes Gesicht, beugt den

Oberkörper nach vorn und spricht kritisch »Ratata« dazu, der begeisterte Regisseur aber erkennt sogleich einen achtzigjährigen Mopedfahrer in Badehosen in dieser Etüde, weil man sich in der Kunst leicht mißversteht. Das reizt den darstellenden Künstler natürlich bis zur Weißglut. Entweder gibt er nun dem Regisseur aus Gründen der Eitelkeit recht und ist unheimlich stolz auf seinen achtzigjährigen Mopedfahrer, oder er beginnt heftig am Sinn des Lebens zu zweifeln.

Als Schneeglokke beispielsweise die Etüde »Ich entbinde« spielte und Ehrenfried ihn achtungsvoll fragte, ob er einen alpträumenden Hartleibigen darstelle, hat er, ohne zu zögern, aufbegehrt, da er ja doch nie im Leben schwanger werde und außerdem bei allem Respekt vor denen, die es sein wollten, auch keine Frau sein wolle, nicht mal auf der Bühne. Selbstverständlich hat er nun so lange alle möglichen Frauen etüdisch darstellen müssen, bis er es ganz hervorragend fand, eine Frau zu sein und sogar eine Schwangerschaft in Kauf genommen hätte, sich aber nun in der unflätigsten Weise gegen seine Unterdrückung durch männliche Nachwuchsregisseure aus Lüdenscheid zur Wehr setzte.

Aber Ehrenfried soll nicht lockergelassen haben. Und seltsamerweise sah der kopfschüttelnde Brandstätter jetzt manchmal am bleichen Morgen seinen Kollegen Schneeglokke trällernd über den Theaterhof zur Probe hopsen. Auf einem Bein! Das hat natürlich ein noch heftigeres Kopfschütteln bei ihm entfacht, sagt Brandstätter. Einmal soll der merkwürdig aufgekratzt wirkende Schneeglokke sogar im Vorüberhopsen »Juchhu, heute etüden wir Birkenbäumchen im Frühlingswind, du ungeistige Pfeife, ätsch!« geschrien haben! Schon wieder einmal ist er da gar nicht mehr aus dem Kopfschütteln herausgekommen, sagt Brandstätter, denn von Schneeglokkes Eierbauch und dem Nüsternflattern ist nichts mehr zu bemerken gewesen. Neuerdings rieche dieser fanatische Kraftfahrer sogar nach frischgemolkener Milch und nach Sauerland und balze ihm wie ein erfreuter Birkhahn zu!

Er jedenfalls, sagt Brandstätter, schüttelt heute nicht einmal mehr den Hauch eines Kopfes über die kleine Pferdesatteltruppe, denn schließlich hat er schon immer gesagt, daß deren künftige Premiere, wenn sie sich nicht als der Mißerfolg erweist, den er ja seit eh und je vorausgesehen hat, ein voller Erfolg wird. Richtig bescheiden seien diese Kollegen durch Ehrenfrieds revolutionierende Probenarbeit geworden, fest im Charakter, tolerant, ehrlich, kühn, aufmerksam, großzügig, voll geistiger Inhalte und Sorgen und ein wenig sauerländisch – ja, fast glücklich! »Vielleicht aber«, gestand mir Brandstätter abschließend, wobei ein düsteres Licht in seine wasserklaren Augen trat, »spielen die Rotzlöffel uns nichtbeteiligten kritischen Geistern das auch nur vor, um uns neidisch zu machen – bei uns Schauspielern ist schließlich alles möglich!«

Noch jubelt der Kuckuck!

Nun fallen Sie nicht gleich über mich her, wenn ich Ihnen hier leise und bescheiden gestehe, daß ich nicht unglücklich bin. Ich bin sogar oft das Gegenteil von unglücklich, keine Massenbewegung also, sondern, was der glückliche Mensch meist ist, ein Einzelidiot. Um diesen Zustand aufrechtzuerhalten, gebe ich mir Mühe, an nichts Böses zu denken. Beispielsweise denke ich gerade jetzt daran, wie gut Erdbeertörtchen mit Sahne schmecken, und in meiner Jugend habe ich, außer daß ich Schiffsdampfmaschinen und Bücher, die von Flügen zum Mond handelten, liebte, wie ein Wahnsinniger hölzerne Garnrollen gesammelt. Ich wußte nicht mal, warum, nahm aber an, daß ich sie bei Flügen zum Mond verwenden könnte; und wenn seine Katze ihren täglichen Bückling nicht hat, ist sie kein Mensch, sagt mein Bruder Paul, dessen erste Braut ein eiförmiges, graues Mädchen war, etwas Steinartiges und Verwunschenes hatte sie an sich, und trotzdem ist mein Bruder kein verbitterter Zeitgenosse geworden, ja, nicht einmal Mitglied irgendeiner Partei oder der Fremdenlegion.

Außerdem rutschen einem die Jahre unter den Füßen weg, und draußen am Balkon fliegt gerade eine Taube vorbei. Schwalben, wenn die fliegen, die fliegen! Tauben hingegen fliegen, wie meine Großtante Rosa fliegen würde, wenn sie fliegen könnte. Als hätten sie die Bleigewichte der Kuckucksuhr gefressen oder wollten beim Gemüsefritzen noch schnell zehn Pfund Frühkartoffeln holen, so fliegen Tauben. Als kämen sie zu spät in die Oper! Aber sie fliegen. Selig wäre ich, wenn ich wenigstens so fliegen könnte.

Schwabbschwabb! in die Linde gegenüber flög ich, würde Jubelschreie ausstoßen, auf böse Menschen scheißen und vielleicht sogar die Trompete blasen, obwohl ich immer älter werde, immer älter. Zwar weiß ich, daß sogar Jünglinge älter werden, doch wenn man mit sechzig immer älter wird, ist es bedenklicher, weil man dann wirklich immer älter wird. Zudem ist nichts in Ordnung auf Erden. In meiner Jugend war zwar auch nichts in Ordnung – wahrscheinlich ist auf Erden noch nie was in Ordnung gewesen –, aber da nahm ich wenigstens an, die Unordnung sei die Ordnung und schoß Purzelbäume. Damals war alle schlechte Laune für mich unendlich weit weg, noch weiter als Amerika oder mit dem Fahrrad nach Kamenz. Heute stoße ich mit meinem Holzkopf überall an und bin zur morschen Trauerweide geworden, zum Kotzen. Aber unglücklich bin ich nicht, das bin ich nicht, nein!

Warum werde ich gerade jetzt alt? Sagt mir das! Warum werde ich nicht erst alt mit neunzig, wenn ich sowieso Beschwerden habe? Warum werde ich nicht alt, wenn ich's mir leisten kann? Die Welt reißt die Schnauze auf und sagt: »Komm!«, die Welt zeigt ihre Goldplomben nebst mancher kariöser Teile, die Südsee schwenkt ihre Hüften, die Birken tanzen, der Kuckuck, der alte Knabe, ruft wie der Leibvogel des lieben Gottes, ich aber werde alt, krieg's im Kreuz! Und die Knie tun mir auch immer weher, besonders das linke und das rechte. Das ist nicht mehr nur zum Wahnsinnigwerden, glatt verrückt wird man darüber, zweideutig wird man, unberechenbar, mustert im Badezimmerspiegel mißtrauisch seine Zunge und den kleinen Schwirrlemann, sieht sich prüfend in die Augen, beginnt zu philosophieren wie Dostojewski und denkt, weil man mit der zur Verfügung gestellten Zeit kaum noch hinkommt, viel an früher, um das Dasein wenigstens noch etwas nach rückwärts hin zu verlängern.

Meine Urgroßmutter Müller beispielsweise (sie hieß wirklich Müller, auch, wenn Sie ebenso heißen!), die mein Urgroßvater Müller, der Lump, mit fünf Kindern sitzenließ, und wir wissen heute noch nicht, ob er in Amerika Millionär geworden ist, meine Urgroßmutter Müller hat in Heimarbeit Strohhüte genäht, vor meiner Geburt noch. Die Dinger wurden ja eigentlich geflochten, aber irgendwas muß auch zum Nähen drangewesen sein, denn, wie gesagt, meine Urgroßmutter war Strohhutnäherin, wie es meine Großtante Rosa, ihre Tochter, dauernd erzählte, und die mußte es wissen, weil sie meiner Urgroßmutter beim Strohhutnähen mit einem nassen Tuch die Stirn zu kühlen hatte, insofern meine Urgroßmutter unter pausenlosen Kopfschmerzen litt, wenn sie Strohhüte nähte. Vielleicht war's auch wegen meines Urgroßvaters, des Lumpen?

Trotzdem ist sie beinahe neunzig geworden, und als es ans Sterben ging, kamen alle Nachkommen zusammen und nahmen Abschied von meiner Urgroßmutter. Still und eigentlich gar nicht krank – sie hatte nur geäußert, daß sie nun sterben wolle –, lag sie in ihrem hochaufgetürmten, uralten Holzbett, es roch nach Äpfeln und Baldrian in der Kammer, nach frischer Bettwäsche roch's, und wir gingen der Reihe nach an der Urgroßmutter vorbei, um ihr noch einmal die Hand zu geben. »Ich hab nie im Leben eine Tablette genommen, Rosa!« sagte sie noch ganz zuletzt zu meiner Großtante Rosa, die damals schon immer zu viel Tabletten nahm, dann hat sie sich leise davongemacht. »Wie eine Wolke!« flüsterte unser Onkel Albert, worauf wir alle Rotz und Wasser heulten und danach in der guten Stube Kalbsrolle mit Salzkartoffeln und Gurkensalat aßen. Als sei's gestern gewesen, weiß ich noch, wie mein Onkel Hellmuth seine letzte Kartoffel langsam und genußvoll mit der Gabel in der Bratensoße zerdrückte und mir, der ich schon lange aufgegessen hatte, das Wasser im Munde zusammenlief.

Nach dem Essen bekamen die traurigen Frauen einen Likör, und die Männer betranken sich mit ernsten Gesichtern.

Später erhob sich meine Großtante Flora und sagte, wie bei besseren Leuten: »Eine Minute des stillen Gedenkens, bitte!« Sofort sind wir alle tief beeindruckt aufgestanden und haben, während uns die Tränen die Backen hinunterliefen, vor uns hingesehen und an die Urgroßmutter gedacht, wie sie nun tot war und nie wieder lebendig sein würde, obwohl sie doch immer so lebendig gewesen war, bis mein Onkel Hellmuth, der immer aus der Rolle fiel, den Schlucken bekam. Da hat meine Großtante Flora etwas spitz »Danke!« gesagt, und alle haben sich wieder hingesetzt, um sich die Nasen zu schnauben und weiterzutrinken und sich mit gerührtem Lächeln zu erzählen, wie die Urgroßmutter auch immer den Schlucken bekommen habe, denn damals, vor über einem halben Jahrhundert, ging's beim Sterben in der Familie manchmal noch ganz normal zu.

Heute will man im Hinblick auf solche Ereignisse aus allen Wolken fallen. Ich weiß es aus eigener Erfahrung, denn als ich letztens, wo mich meine Frau so laut angeschrien hat wegen unserer Nichte Tanja – die neuerdings hellrosa Haare trägt, das muß man sich mal vorstellen! –, als ich da kurz verlauten ließ, daß ich sowieso mal bald sterbe, da taten alle ganz beleidigt! Obwohl diese Erklärung für einen sechzigjährigen Biertrinker mit oft dicken Füßen selbst in diesen welthistorischen Zeiten nichts Ungewöhnliches ist. Man müßte eben, als Warnschuß für seine Lieben sozusagen, erst einmal kurz zur Probe sterben dürfen, wie? Dann käme man auf dem Friedhof wieder zu sich, richtete sich auf und rief: »Haha, es war nur Spaß!«

Ich gestehe aber hier ausdrücklich, daß ich darauf pfeife, bald zu sterben – ich pfeife überhaupt darauf zu sterben, auch nicht zur Probe! –, denn es war eine taktische Erklärung von mir, um meine Familie in Angst zu versetzen, weil man auch im Alter nicht für einen Idioten oder Waschlappen gehalten werden will, selbst wenn man hinten nicht mehr hochkommt und vorn nicht mehr runter, denn seht: Noch jubelt der Kukkuck, ich erlebe immer wieder Augenblicke des Glücks!

Wie erst gestern, als ich am Luxemburgplatz aus der U-Bahn steige und die verdammte steile Treppe zur Oberwelt vor mir sehe und tapfer Maß nehme, da bleibt vor mir ein junges, hübsches Weib mit einem Kinderwagen stehen, ein reizendes Kind sieht mich gleichmütig an, ein Kind mit dikkem, neugierigem Kopf – in Sachsen sagt man Pulverrübe dazu –, ein Kind mit unendlich blauen Käsenäpfen, und neben mir rechts und links nur alte Frauen, ausgemergelte Kettenraucher, apathische Siebzehnjährige mit beleidigten Gesichtern, nur mir dickem altem Sack lächelt die junge Mutter verführerisch zu, mich hat sie aufs Korn genommen und weist mit fragender Geste auf den Kinderwagen, einen wahren Schwimmpanzer.

»Aber natürlich doch, bitte sehr, junge Frau!« stotterte ich begeistert, denn man wird gern für jung gehalten und stark und kühn. Erfreut bückte ich mich, wobei mein Rückgrat knarrte, der Ischiasnerv in den Angeln kreischte und mehrere andere innere Teile lebensgefährlich knirschten. Doch die Mutter war jung und rücksichtslos, sie hatte blühende Waden, ein herrliches Gesäß, eine gewissenlose Kraft – ich wurde von ihr mit dem Wagen die Treppe hochgerissen, begann beim Tragen sogar verängstigt zu trällern, ich eitler Affe, und setzte, oben angekommen, wie ein Jüngling die Karre ab.

Außer Sichtweite sackte ich natürlich sofort in mich zusammen, hoppelte wie ein hundertjähriges Kräuterweiblein zur Straßenbahnhaltestelle, atmete gurgelnd, war total fertig, aber siehe da: Ein weiteres junges, hübsches Weib, welches eine Arche Noah auf Rädern (mit einem großohrigen Säugling darin) vor sich herschob, musterte mich beinahe lüstern. »Immer ich!« dachte ich weinerlich, rief aber sofort: »Aber bitte sehr!«

Mit jammernden Rückenwirbeln bückte ich mich, zum Teil war ich ja glücklicherweise von vorher noch unten, und half der jungen Mutter, den Wagen in die Bahn zu wuchten, wobei mich der großohrige Säugling – vielleicht nahm er an, ich sei was zum Essen? – hungrig betrachtete und ich wieder mal wußte, daß es sich einfach nicht lohnt, Ischias zu haben oder hundsgemeine Hexenschüsse und alt zu sein und krumm und unglücklich –, und darum bin ich eben nicht unglücklich, jetzt wissen Sie's, obwohl ich, wenn ich noch mal so alt wie jetzt bin, hundertzwanzig sein werde. Na, und?

Glück

»Glück? Was ist Glück, Traudel? Als Spatz durch die Gegend zwitschern? Sich den Buckel in der Sonne wärmen? Das Penicillin entdecken oder abends ins kühle, saubere Bett zum Fräulein Braut kriechen? Oder als kleiner Junge in eine große Buttersemmel beißen? Vielleicht aber auch die Brummfiedel streichen, sich den Bauch mit Eierschecke vollzuschlagen, einen Orden kriegen, einen Sack voll Geld haben oder keine Schmerzen!«

Norbert Wiesemann räusperte sich und sah zu seiner schweigenden Frau hinüber.

Mein Gott, er stürzt ja förmlich über mich her mit seinen Weisheiten, dachte Frau Wiesemann. Immer, wenn wir nach Sachsen fahren, redet er so wild, dann wird er dichterisch! Aber er hat ja auch ausgeschlafen! dachte sie wütend. »Ein braver Januartag, fast wie Ende Februar!« sagte Norbert Wiesemann mit etwas dicker Stimme, worauf Frau Wiesemann ihr Schweigen beendete und beleidigt erwiderte, daß er von seiner nächtlichen Schnarcherei sicherlich wieder ein geschwollenes Zäpfchen bekommen habe, seine Stimme höre sich wie lauter Ventilgummi an! »Wie ein Tier hast du die ganze Nacht über geschnarcht, ich bin völlig ausgebrannt!« knurrte sie.

Norbert Wiesemann lachte verlegen. »Wenn der Abzweig Cottbus vorbei ist, sind's noch zwei Stunden!« sagte er kleinlaut und drückte den Heizungshebel nach unten. Bei der Sonne draußen konnte er sich trotz der verschneiten Birken schon wieder vorstellen, daß es den Frühling gab. Schon hörte er den Kuckuck jubeln! »Mich macht es zum Beispiel glücklich, wenn ich den Kuckuck rufen höre!« gestand er seiner Frau. »Ja, im Januar, bei Frost!« entgegnete diese und putzte sich die große, blasse Nase und sagte: »Daß es in diesem Auto immer nach kalten Bratkartoffeln riechen muß!«

Norbert Wiesemann lächelte das verzeihende Lächeln eines Fachmannes. »Das kommt von der Heizung, Traudel, die klammen Polster atmen aus, wenn's warm wird!« Kameradschaftlich tätschelte er das Sitzpolster. »Feines Auto!« sagte Norbert Wiesemann und sah seine Frau von der Seite an und überholte in langem, gutmütigem Bogen einen alten Volkswagen. Jetzt hatten sie schon den Abzweig Cottbus hinter sich, ein Klacks war's noch bis zu den Eltern. »Ich, zum Beispiel, wenn ich große Zahnräder sehe, dann springt mich was Fröhliches an, Traudel«, fuhr er fort. »Große Zahnräder haben mich schon glücklich gemacht, als ich noch klein war. Ich hätte mich sogar über eins in der Zuckertüte gefreut!«

»Du hättest ein großes Zahnrad heiraten sollen!« erwiderte Frau Wiesemann spitz und dachte, daß sie zu gern etwas öfter glücklich gewesen wäre in ihrem Leben. Zum Beispiel damals, als er sich den Nasenschnauzer wachsen lassen sollte, weil ihr nach dem Film mit diesem muskulösen Typ die Nasenschnauzer so gefallen hatten. Ein Nasenschnauzer beim eigenen Mann hätte sie in jener Zeit, wo sie zugegebenermaßen noch blutjung und blöd war, bestimmt glücklich gemacht. Und wenn's nur für Tage gewesen wäre! Aber er hatte sich vor seinen Arbeitskollegen geniert. Sein Ansehen war ihm wichtiger gewesen als das Glück seiner Frau. Hätte ihn ein großes Zahnrad darum gebeten, hätte er sich damals bestimmt einen Nasenschnauzer wachsen lassen! Und wär's möglich gewesen, hätte er sich sogar ein großes Zahnrad wachsen lassen, so war das nämlich!

»Du mit deinen großen Zahnrädern!« sagte Rotraud Wiesemann verächtlich. Norbert Wiesemann lächelte. Heute brachte sie ihn nicht aus dem Gleichgewicht. Heute fuhren sie zu seinen Eltern nach Pulsnitz, wo die Apfelbäume zum Fenster reinguckten!

Gestern, am Freitag, hatten Wiesemanns sich urplötzlich dazu entschlossen. Die Eltern würden staunen. Wo doch Mutter immer sagte, es gäbe keine Wunder mehr! »Von wegen! Die werden Augen machen!« sagte Norbert Wiesemann und erhöhte das Tempo. Singen hätte er heute können! Es hatte schon morgens angefangen, als er am Fischladen auf der schwarzen Tafel gelesen hatte: *Prima Fettheringe – 500g 2,70DM!* Das war wie früher, wenn's zu Weihnachten oder Silvester Häckerle gab, weil in der Weihnachtszeit immer die Heringssonderzuteilung fällig war. Dieses »Prima Fettheringe« hatte ihn an Mutters Kriegshäckerle erinnert, an irgendwelche Vorweihnachtsstunden, an verschneite Januartage, als er ein Knirps von sechs Jahren war, und plötzlich hatte er dieses beinahe kindliche Glücksgefühl in seiner Brust verspürt. Und das morgens, kurz nach neun, wo er sonst mißlaunig wie ein alter Hund war!

»Vielleicht falle ich irgendwann einmal auf die Schnauze dabei, aber heimlich baue ich mir immer wieder mal Flügel und versuche mich im Fliegen!« dachte Norbert Wiesemann und kicherte. Verwundert sah ihn seine Frau an. »Die bunten Bilder auf Samentüten haben mich auch immer glücklich gemacht, Traudel«, sagte er. »Und Heringshäckerle! Wenn ich ›Heringshäckerle‹ höre, werde ich noch heute zum guten Menschen, verflucht noch mal, dann könnte ich sogar Karl Dall küssen!«

Frau Wiesemann lachte nervös. Was redete er nur wieder so hochgestochen! Die Geschäfte waren voller Heringshäkkerle! Wie kam er, jetzt mitten auf der Autobahn kurz nach Freienhufen auf den ollen, abgebrühten Karl Dall? Sie hatte ihm doch die wichtige Sache mit Hildchen erzählen wollen und daß Baalbergs nun auch eine Mikrowelle hatten! Aber weder Hildchen noch Baalbergs schienen ihn zu interessieren, nur Heringshäckerle und Karl Dall! Nur Samentüten!

Ein sächsischer Romantiker! Ein Kleinstädter! Als hätte er ihre Gedanken erraten, sagte der sächsische Romantiker: »Was Heringshäckerle sind, weiß man erst richtig, wenn's zu viel gibt, Traudel, und kein Mensch mehr Sehnsucht danach hat! Oder wenn's keine gibt!« »Mußt du denn immer solche Sachen denken?« rief sie erbittert. »Entweder ist es zu viel oder zu wenig bei dir, nie ist es richtig!«

Norbert Wiesemann lächelte die Autobahn vor sich an. »Manchmal ergeht man sich eben in derlei Betrachtungen!« antwortete er. »Der Mensch ist das Gehirn der Natur, Traudel, ohne uns wüßte im Weltall nicht mal ein Huhn, daß beispielsweise blühende Kirschbäume glücklich machen können!«

»Wo heutzutage sogar die Frühstückseier nach Plastdachrinnen schmecken und Salmonellen haben«, warf sie ein, »da spiel du mal schön Gehirn der Natur!«

»Seltsam, je mehr wir uns der Oberlausitz nähern, um so bissiger wirst du! Was hat dir mein Sachsen getan?« entgegnete er.

»Gar nichts, du verrückter Kerl, jetzt kommt der Abzweig Bautzen!« sagte Frau Wiesemann. Norbert Wiesemann räusperte sich ergriffen. Nun war's noch eine gute halbe Stunde. Er kannte schon die Bäume rechts und links! »Ob viel Schnee liegen wird auf der Vorgartenwiese?« fragte er.

Seine Frau zuckte mit den Schultern. So viel wie hier in Sachsen während einer Autostunde redete er zu Hause in zwei Wochen nicht! Mußte man da nicht mißtrauisch werden? Schließlich wäre sie auch gern ein wenig glücklich gewesen. Aber erstens zog's wie Hechtsuppe in diesem Auto, und zweitens waren die Kinder allein zu Hause geblieben. Wo sie doch den neuen, teuren Fernseher hatten! Vielleicht murksten sie jetzt schon an der Fernbedienung rum, obwohl sie fast erwachsen waren? Woher sollte man da die Ruhe fürs Glücklichsein nehmen? Immer hatte man was am Hals! Und wenn dann endlich die vollkommene Ruhe in die Menschenbrust einzog, dann war man tot oder arbeitslos, so war das nämlich!

»Das ganze Leben soll ja noch einmal blitzartig vor einem ablaufen, wenn man arbeitslos ist!« sagte Frau Wiesemann traurig.

»Wenn man tot ist, Traudel! Wir hätten Heringshäckerle mitnehmen sollen, ich kriege plötzlich einen mächtigen Appetit auf Heringshäckerle. Bei Mama eß ich Heringshäckerle, die muß sie eben schnell noch holen!« sagte Norbert Wiesemann und fügte ergriffen hinzu: »Abfahrt Ottendorf-Okrilla, bald sind wir da!«

»Paß auf, sieh nach vorn, wir haben zwei Kinder!« rief Frau Wiesemann.

Norbert Wiesemann begann zu lächeln. »Ich weiß noch, wie du Tinchen gekriegt hast«, sagte er gerührt. »Am neunten Februar nachts halb eins begannen die Wehen. In gut zwei Wochen ist das siebzehn Jahre her, da war ich sechsunddreißig, mein Gott! Bei leichtem Schneetreiben bin ich zur Telefonzelle und hab das Krankenauto angerufen. Und so wenig Geld in der Tasche. Aber wie in den Sterntalern bin ich mir vorgekommen. Es war ein beinahe überirdischer Schnee, der vom Himmel runterfiel, ganz verklärte Flocken, Traudel, Kinderflocken wie aus den sieben Zwergen oder so – eine unwiederbringliche Nacht!« Etwas wehmütig nickte Norbert Wiesemann seiner Frau zu.

»Ja«, erwiderte die, »es war eine schwere Entbindung damals, immerhin war ich schon achtundzwanzig – und du hast pausenlos gequalmt!«

»Wie ein Schlot!« sagte Norbert Wiesemann ergriffen und schaltete die Scheibenwischer an, weil es zu schneien begann.

»Aber alle Zähne hattest du noch!« fügte seine Frau hinzu

und mußte daran denken, wie er ihr damals die vielen Freesien ins Krankenhaus gebracht hatte, wo sie doch immer so schwer zu kriegen waren, einen Strauß wie für Greta Garbo, eine einzige Duftwolke!

»Seltsam«, sagte Rotraud Wiesemann, »früher, als es so wenig gab, haben die Blumen viel stärker geduftet!« Gerührt mußte sie an diesen unglaublichen Freesienstrauß und an ihre Schmerzen denken und wie froh sie danach gewesen war, und Norbert Wiesemann fuhr immer langsamer, denn der Schnee tanzte in riesenhaften Flocken ums Auto, und die Abfahrt Pulsnitz kam immer näher, und draußen flogen große, stumme Schwarzdrosseln – oder waren's Saatkrähen? – vorbei.

»Guck mal, wilde Vögel!« flüsterte Rotraud Wiesemann, weil ihr plötzlichh nach Flüstern war. Vorsichtig legte sie ihre ausgekühlte Hand auf das große, warme, knochige Knie ihres Mannes. Sie dachte an seine Qualmerei damals und wie dieser dicke Freesienstrauß von ihm nach Frühling gerochen hatte, nach Frühling und Glück! Vielleicht hatten die Schwiegereltern auch was Blühendes in der Stube stehen – Forsythien etwa oder Krokusse! Gut, daß sie den Einfall mit der Wochenendfahrt gehabt hatten! Wie der Schnee wirbelte! Wie im April! »Jetzt werden sich die beiden aber gleich freuen!« sagte sie und lächelte.

Inhalt

Uwe Bogen

Ich hätt' dich heut' gern wachgeküßt

Roman

Band 11744

Ich hätt' dich heut' gern wachgeküßt. Partner-Sendungen im Fernsehen, Kuppelshows, Flirtschulen, Single-Service-Unternehmen, alle scheinen darauf eine Antwort zu wissen. Die einschlägigen Anzeigenspalten, vor allem in Stadtmagazinen, haben Hochkunjunktur: »Ich hätte dich gern wachgeküßt« oder: »All you need is love« oder: »Romeo sucht Julia«. Und eben: »Traummann sucht Traumfrau« (und umgekehrt). Hier suchen beide: Boris hatte nach dem Politologie-Studium nicht gerade vor, Politiker zu werden und ist beruflich bei einem Presse-Ausschnittdienst gelandet. In seinem Freizeit-Hangout »Abwärts« ist die Szene mittlerweile abgegrast, da hilft auch der GTI nicht weiter. Im Büro liest Boris sogar gelegentlich die Artikel von Eva, ohne allerdings etwas von ihr zu wissen. Eva, die Journalistin, strebt eigentlich zu *Stern* oder *Spiegel*, ärgert sich aber vorläufig bei ihrem lokalen Käseblatt herum. Außerdem ärgert sie sich über ihre Freundin Bea, die immerhin zwei Männer hat: den auswärts arbeitenden Ehemann fürs Wochenende und unter der Woche... Diese amüsant, in lockerem Tonfall erzählte Geschichte trifft mitten ins Herz (!) der neunziger Jahre. Die Swinging Singles haben Probleme: Identität – Anmache – Beziehungen. Alles scheint schwierig, nichts bewegt sich. Auch Boris und Eva sind sich noch nie über den Weg gelaufen...

Fischer Taschenbuch Verlag

fi 117 / 3

Gabriel Barylli

Butterbrot

Roman

Band 10403

Der Wiener Schauspieler und Autor von Theaterstücken hat unter dem ungewöhnlichen Titel ›Butterbrot‹ einen Roman über die Liebe geschrieben und über die Sehnsucht nach Glück und Verläßlichkeit in einer Zeit, in der allenthalben Beziehungen zerbrechen. Sein Held Martin, Architekt, 35, ehe- und beziehungserfahren, reist mit Maria nach Venedig, um vor dem Hintergrund der alten Lagunenstadt den Beginn einer neuen Liebe zu wagen. Eingeflochten wird die Geschichte von Martins Ehe mit Susanne, die an Illusionen und unrealistischen Glückserwartungen scheiterte, und die Geschichte der Männerfreundschaft zwischen Martin, Peter und Stefan, von denen jeder auf seine Weise mit den Verletzungen des Lebens fertig wird. So ungewöhnlich wie der Titel – die Metapher ›Butterbrot‹ steht hier für Realismus, Bescheidenheit, Alltagspoesie – ist dieser Liebesroman eines Mannes zum Thema ›Abschied vom Märchenprinzen‹. Ein zauberhaftes, prickelndes, exhibitionistisch ehrliches, vor Wortlust sprühendes Buch, das die Liebe endlich wieder auf humorvolle Weise ernst nimmt. Ein Männerbuch nicht nur für Frauen – verfilmt mit dem Autor in der Hauptrolle – und ein Super-Lesevergnügen.

Fischer Taschenbuch Verlag

fi 1021 / 3

Charles Bukowski

Aufzeichnungen eines Außenseiters
Aus dem Amerikanischen von Carl Weissner
Band 10484

Das Leben und Sterben im Uncle Sam Hotel
Stories
Aus dem Amerikanischen von Carl Weissner
Band 10479

Die Ochsentour
Bild-Text-Band 10679

Fuck Machine
Stories
Aus dem Amerikanischen von Wulf Teichman
Band 10678

Kaputt in Hollywood
Stories
Herausgegeben und aus dem Amerikanischen
von Carl Weissner
Band 10680

Schlechte Verlierer
Stories
Herausgegeben und aus dem Amerikanischen
von Carl Weissner
Band 10482

Charles Bukowski/Carl Weissner (Hg.)
Terpentin on the rocks
Die besten Gedichte aus der amerikanischen
Alternativpresse 1966-1977
Band 10918

Fischer Taschenbuch Verlag

fi 179 / 7